南水北调中线工程对丹江流域地表温度与植被覆盖度的影响研究

王世东　郭建华　著

中国矿业大学出版社
·徐州·

内 容 提 要

本书以丹江流域(河南段)为研究区,基于 Landsat 遥感、MODIS 以及气象站点气温、DEM 等多源数据,探究了南水北调中线工程建设对丹江流域(河南段)地表温度与植被覆盖度变化的影响,主要包括以下内容:丹江流域(河南段)地表温度反演与重建、丹江流域(河南段)地表植被覆盖度反演、南水北调中线工程对丹江流域(河南段)地表温度与植被覆盖度变化影响的分析等。本书研究结果可为南水北调中线工程水源地保护以及安全稳定运行提供参考。

本书可供从事地理学、土地科学、生态学、遥感科学与技术、地理信息科学等学科的科研工作者参考,也可供高校相关专业的师生,特别是研究生参考。

图书在版编目(CIP)数据

南水北调中线工程对丹江流域地表温度与植被覆盖度的影响研究 / 王世东,郭建华著. — 徐州 : 中国矿业大学出版社,2025. 3. — ISBN 978 - 7 - 5646 - 6702 - 3

Ⅰ. P423.7;Q948.526.1

中国国家版本馆 CIP 数据核字第 20251RM772 号

书　　名　南水北调中线工程对丹江流域地表温度与植被覆盖度的影响研究
著　　者　王世东　郭建华
责任编辑　何　戈
出版发行　中国矿业大学出版社有限责任公司
　　　　　　(江苏省徐州市解放南路　邮编 221008)
营销热线　(0516)83885370　83884103
出版服务　(0516)83995789　83884920
网　　址　http://www.cumtp.com　**E-mail**:cumtpvip@cumtp.com
印　　刷　广东虎彩云印刷有限公司
开　　本　787 mm×1092 mm　1/16　**印张** 8.25　**字数** 162 千字
版次印次　2025 年 3 月第 1 版　2025 年 3 月第 1 次印刷
定　　价　36.00 元
(图书出现印装质量问题,本社负责调换)

前　言

南水北调中线工程是中国跨流域水资源优化配置和保障民生的重大战略性基础设施，于2003年12月开工建设，2014年12月正式通水，工程的实施为中国水资源的空间优化配置起到十分重要的作用。该工程在缓解华北及京津区域水资源短缺局面的同时，也对水源地——丹江流域内的土地利用格局及生态环境产生深远影响。丹江流域作为南水北调中线工程的主要水源地，调水工程不仅改变了丹江流域水资源的自然地理分布，同时受人类活动影响，丹江流域的土地开发利用强度增加和环境资源过度消耗等引起了一系列生态效应问题，其中地表温度与植被覆盖度的变化对区域生态环境安全和资源的可持续利用尤为重要。南水北调中线工程的实施所引起的水位变化必将改变水资源时空分布并引起流域地表温度与植被覆盖度的变化，并对丹江流域（河南段）原有气候环境和区域生态环境产生深远影响。上述问题已引起政府、学术界的高度关注，开展南水北调中线工程实施背景下丹江流域（河南段）的地表温度与植被覆盖度影响变化研究，在此基础上提出丹江流域生态环境保护、水资源可持续利用等方面的调控对策，已经成为库区水质保护、国家重大水源地生态安全实践中所亟待解决的重要科学问题。

本书以丹江流域（河南段）为研究区，基于Landsat遥感、MODIS以及气象站点气温、DEM等多源数据，探讨南水北调中线工程的建设对丹江流域（河南段）地表温度与植被覆盖度变化的影响。本书具体内容如下：第 1 章绪论，介绍研究背景与意义以及技术路线；第 2 章研究区概况与数据处理，介绍研究区概况、数据来源以及处理过程；第 3 章丹江流域（河南段）地表温度反演与重建，运用 MODIS 和 Landsat 遥感数据，构建地表温度重建方法，分析南水北调中线工程地表温度调节作用；第 4 章丹江流域（河南段）地表植被覆盖度反演，利用 Landsat 遥感数据与植被指数数据，探究南水北调中线工程建设对植被覆盖度的变化影响；第 5 章南水北调中线工程对丹江流域（河南段）地表温度与植被覆盖度变化影响的分析，以南水北调中线工程对地表温度与植被覆盖度变化影响分析的结果为基础，综合研究地表温度变化与植被覆盖度变化之间的相关关系；第 6 章结论与展望，对本研究所得结论及研究中的创新点进行了总结，并对后续深入研究方向进行了展望。

本书具体分工如下：第 1 章、第 2 章、第 4 章、第 5 章由河南理工大学王世东撰写，第 3 章和第 6 章由河南理工大学郭建华和王世东撰写，全书由王世东统筹定稿。

本书的撰写得益于众多学者、专家和实践者的研究和经验，同时也得到了许多同仁的宝贵意见和建议。在此，向所有为本书提供支持和帮助的人员表示由衷的感谢。最后，希望本书的出版能够对南水北调中线工程对丹江流域地表温度与植被覆盖度的影响研究有所帮助，同时希望通过抛砖引玉激发国内外同行对国家重大水源地保护进行进一步的思考和探索。鉴于丹江流域生态环境的独特复杂性和区域差异，受资料时效性和学术水平等因素的限制，书中存在有待深入探讨的问题以及不当之处。诚挚希望广大读者和专家能够提出宝贵的意见和建议，以促进我们的研究工作不断改进和完善。

王世东

2024 年 9 月

目　录

第 1 章　绪论 …… 1

1.1　研究背景与目的 …… 1

1.2　国内外研究进展 …… 3

1.3　研究内容与技术路线 …… 9

第 2 章　研究区概况与数据处理 …… 13

2.1　研究区概况 …… 13

2.2　数据来源与预处理 …… 15

第 3 章　丹江流域(河南段)地表温度反演与重建 …… 23

3.1　Landsat 7 地表温度反演 …… 23

3.2　MODIS 地表温度数据质量分析 …… 30

3.3　MODIS 地表温度重建 …… 43

3.4　本章小结 …… 56

第 4 章　丹江流域(河南段)地表植被覆盖度反演 …… 58

4.1　地表植被覆盖度反演 …… 58

4.2　研究区南水北调中线工程建设前后土地利用情况 …… 62

4.3　本章小结 …… 66

第 5 章　南水北调中线工程对丹江流域(河南段)地表温度与植被覆盖度变化影响的分析 …… 67
5.1　南水北调中线工程对丹江流域(河南段)地表温度变化影响分析 …… 67
5.2　南水北调中线工程对丹江流域(河南段)植被覆盖度变化影响分析 …… 92
5.3　丹江流域(河南段)地表温度与植被覆盖度变化相关性分析 …… 98
5.4　本章小结 …… 113

第 6 章　结论与展望 …… 115
6.1　结论 …… 115
6.2　创新点 …… 117
6.3　展望 …… 118

参考文献 …… 119

第1章　绪　　论

1.1　研究背景与目的

1.1.1　研究背景

大型调水工程的建设，对区域水资源的自然地理分布及城市发展进程产生了影响，引起了一系列生态环境效应问题，其中地表温度与植被覆盖度的影响变化对区域生态环境安全和资源利用的可持续性尤其重要。

地表温度(Land Surface Temperature，LST)是研究地表物理变化过程、监测全球资源环境以及气候变化的重要指标之一，在水文、生态和生物地球化学等研究中有着广泛的应用[1-2]。地表温度涉及多种生物化学的环境影响分析，是国际地圈-生物圈计划(International Geosphere and Biosphere Program，IGBP)关注的关键参数之一，地表温度可以支持对土壤湿度及相关水文、生态的变化过程的研究[3]。地表植被类型、高程、土壤湿度等涉及地表热辐射交换过程中的各类参数，对地表温度有着复杂的影响。地表温度广泛应用在评估区域与全球气候变化、水资源管理、城市热岛效应等研究中[4]。在全球升温的背景下，精确地估算地表温度有助于研究全球气候变化、掌握气候长期变化的规律，以及应对气候变化带来的各类自然灾害[3]。遥感技术的发展大大提高了获取地表温度的质量和速度，研究地表温度所依赖的数据主要有 Landsat 系列数据、MODIS 系列数据等[5]。但受制于当前的科学技术条件，目前的传感器不能同时满足高时间分辨率、高空间分辨率以及高光谱分辨率。Landsat 系列数据空间分辨率为 30 m，但其影像获取周期为 16 d，并不适合长时序地表温度检测[6]。MODIS 传感器自从投入使用以来，实现了遥感数据产品的日覆盖[7]，受制于云量、地形等因素影响，遥感数据的精度和质量往往不高，探究对遥感数据的正确处理方法，对长时序观测数据的连续性和准确性具有十分重要的意义，是推动掌握气候长期变化的规律，应对气候变化带来的各类自然灾害，是进行各类生态、水文和生物地球化学研究的重要前提。

植被具有防风固沙、保持水土平衡、维护生态系统稳定等作用，是联结土壤、水分与大气的自然纽带。植被变化不仅反映了植被生长对气候条件和人类活动的响应，又会反作用于区域生态系统以及生境质量[8]。植被覆盖度(Fractional Vegetation Cover，FVC)是指某一地域植物垂直投影面积与该地域面积之比[9]。FVC与植被生产力以及累积生物量等呈线性或近线性关系，是公认的反映大尺度地表植被生长状况的有效指标。植被覆盖状况及其响应问题已是当前全球变化研究的重要议题，备受学者、管理者关注。目前植被覆盖度的估算以传统地面测量和遥感反演为主，传统FVC测量方法主要依靠地面测量，包括目视估测法、采样法、仪器法、照相法等。遥感技术反演FVC主要使用像元二分法和NDVI数据进行计算，并根据统计学的数据分析方法探讨时序FVC变化规律和原因[10]。近年来，诸多学者使用遥感技术结合卫星遥感影像反演FVC，并分析FVC在时间和空间上的变化。但由于研究区域的环境不同，FVC的时空变化规律呈现区域差异性的特点，针对特定区域进行长时序植被覆盖度演变的研究，不仅为当地生态环境保护和土地利用规划提供科学的依据，而且是防止环境资源过度消耗，确保南水北调中线工程平稳安全运行的重要保障。

丹江流域位于汉江中上游，水域横跨鄂、豫两省。南水北调中线工程建设，对丹江流域(河南段)水资源的自然地理分布及城市发展进程产生了影响，引起了一系列生态环境效应问题。作为南水北调中线工程的重要水源地，丹江流域(河南段)水资源安全和生态环境稳定是南水北调中线工程平稳安全运行的重要保障。该调水工程的顺利建成所引起的水位变化必然会改变水资源时空分布并引起流域地表温度及植被覆盖度的变化[11]，并对丹江流域(河南段)原有的气候环境和区域生态环境产生深远的影响[12]，目前针对南水北调中线工程对地表温度与植被覆盖度变化影响的一系列研究已备受关注。为保障南水北调中线工程“一江清水到北京”的目标顺利实现，同时为丹江流域生态环境、区域气候变化及水资源的可持续利用提供科学的决策依据[13]，进行南水北调中线工程对丹江流域(河南段)地表温度与植被覆盖度影响的研究已越发重要[14]。

1.1.2 研究目的

丹江流域(河南段)水资源丰富，地处丹江流域的上游，是南水北调中线工程取水的主要水源地，受南水北调中线工程的运行影响，丹江流域(河南段)地表温度和植被覆盖度变化引起的一系列影响深远的生态环境效应问题备受社会关注。南水北调中线工程改变了丹江流域水资源的自然地理分布，不仅直接影响水系周边的土地利用变化，随之发生的蒸散发的变化会影响地区热交换平衡，降水量和湿度都受到影响，进而引起流域天然水文循环发生变化，对地表温度、植被覆盖度和降水量等环境因子产生深远的影响[15]。因此，探究南水北调中线工程对丹江流域（河南段）地表温度与植被覆盖度的影响作用已越发重要，其研究结果也可为丹江流域生态环境、区域气候变化及水资源的可持续利用提供科学的决策依据。

从研究区的地表温度和植被覆盖度角度出发，以长时序遥感信息源为数据基础，首先基于 DEM-IMA 算法对 MODIS 地表温度影像数据进行重建，然后通过计算和分析其地表温度差、南水北调中线工程温度效应变化指数和南水北调中线工程调温效应的分布规律和变化规律，最后探究南水北调中线工程对地表温度以丰水期、枯水期、白天、夜晚为不同节点的差异影响分析，以此研究南水北调中线工程建设对地表温度变化的影响程度。首先利用 MODIS 植被产品提取植被指数并计算植被覆盖度，然后进行植被覆盖度转移方向分析，以此研究南水北调中线工程的建设对丹江流域（河南段）的植被覆盖度的影响。以前文的结果为支撑，进行多种因子的相关关系分析，综合研究地表温度变化与植被覆盖度变化之间的相关关系，从而正确引导人们认识南水北调中线工程对周围环境产生的影响，为研究区的生态环境保护、水资源保护及生态文明建设等工作提供数据支撑。

1.2　国内外研究进展

1.2.1　南水北调中线工程水源地相关研究

调水工程是指针对缺水区域而进行的从其他河流、湖泊等水源充足的区域调度水资源再分配工程，其目的是更有效、更充分地利用水资源。跨流域调水是指将一条河流的水资源调配到另一条河流上，通过开挖渠道或隧洞使得两个流域之间实现水资源的平衡和合理利用。这种做法在解决水资源短缺和缓解地区干旱等方面有着重要的作用，其建设对当地的水资源保障和经济社会发展具有重要作用。然而，跨流域调水也给沿途地区的环境产生一些新的问题和挑战，影响当地生态环境和气候环境的变化[16]。因此，在进行跨流域调水时，必须充分考虑各种因素，并通过科学规划和管理来确保水资源的可持续利用与生态保护。

南水北调中线工程经过河南、山东、河北等省市。南水北调中线工程是为解决华北地区严重的水资源短缺问题而实施的大型跨流域调水工程，其取水于长江支流汉江的丹江口水库，借助地势落差优势，水源自流，将水送达华北地区，最终到达团结湖;全长约 1 432 km,起点位于江苏扬州市,终点则在北京市密云区境内;南水北调中线工程的实施发展了沿途城市的经济,丰富了城市的水资源,还对农业、生活等方面提供了巨大便利[17];同时丹江口大坝的扩容建设使蓄水量增多,提高了对洪涝灾害的控制作用,且河流水面的变化对沿途环境气候的变化也产生了巨大影响[18]。南水北调工程的修建对国民经济和附近地区自然条件的影响大,特别是南水北调工程兴建的过程中大水库的兴建对环境的影响更加明显[19]。大水库可以看作人工湖,水库蓄水后,由于水位与水量的变化,在对当地生态环境和气候调节产生正面影响的同时,也会带来问题和挑战,水源区的水位升高对周边原有的矿井、房屋、耕地有不利影响,可能会造成一部分损失[20]。水库安全事关重大,若因特殊情况失事则会造成巨大的影响和破坏[21]。

南水北调中线工程的研究主要集中在水源区生态环境、水资源以及生态补偿机制等方面。曾凌等[22]基于 GAMLSS 模型利用 6 个干流水文站长序列历史资料,对南水北调中线工程建设前后汉江中下游水量变化的原因进行分析;贺玉晓等[23]探究了丹江口水库真核浮游植物群落分布特征及其与环境因子的关系;张清淼等[24]探究了丹江口水库降水中无机离子的化学组分和来源贡献;庞发虎等[25]监测水质理化指标和浮游细菌(真菌)群落多样性指标探究丹江口水库水质时空差异性;史志方等[26]探究南水北调中线工程建设其水域扩张对当地生态、生产和生活("三生"空间)及生态移民的影响;陈英英等[27]采用统计方法分析地面降水与空中云水的时空演变特征及相关关系;杨智皓[28]研究了南水北调工程实施背景下的陶岔乡水源段的环保政策和生态保护现状;谢宜静[29]采用水资源生态足迹法、Pearson 相关性分析法和 Linear 回归分析法,分析了淅川县水资源可持续利用状况;张春霞等[30]分析了 2019 年 7 月和 2020 年 1 月丹江口水库真核浮游植物群落组成及其受影响的主要环境因子;曹玉升等[31]以南水北调中线工程为研究对象,利用水量平衡原理,基于多方面因素,提出了输水调度实时监控对策;Kuo 等[32]分析了 2014 年 6 月至 2017 年 4 月汉江三个典型支流-主流交叉带水质变量的时空变化,运用的是最小/最大自相关因子分析(MAFA)与动态因子分析(DFA)相结合的方法;王新才等[33]以"压力-状态-响应"(PSR)模型为基础,结合层次分析法对南水北调中线工程水源区的生态环境进行评价;陈浩等[34]对南水北调中线干渠 25 个断面的 9 个水质指标变化情况进行分析,运用主成分分析和聚类分析相结合的方法识别主干渠主要水质指标成分,进行水质评价与分区。水利工程的建设对气候会造成一定的影响,比如气温、降雨以及湿度等,在水利工程建成之后,水面范围的变化会直接造成局部气温的变化。同时,蒸散发的变化会影响地区热交换平衡,降水量和湿度都受到影响,进而引起流域天然水文循环发生变化[35-36]。

综上,南水北调中线工程供水以京、津、冀、豫、鄂五省市的城市生活和工业用水为主,兼顾部分地区农业及其他用水,缓解其日益严重的水资源短缺问题、改善北方地区的生态系统、保障经济社会可持续发展的重大战略性基础设施,对我国北方地区宏观经济和社会发展起着十分关键的决定性作用[37]。但大规模调水后,由于流域间水资源分布的改变,对水源区的地表温度与植被覆盖度产生深远影响。作为南水北调中线工程的重要水源地,丹江口水库及其周边土地受南水北调中线工程的影响,发生的一系列深远的气候环境与植被环境变化,不但影响着南水北调中线工程的综合效益,还关系到水源区的生存和发展[38-39]。

1.2.2　大型调水工程对生态环境影响的相关研究

我国基本水情是夏汛冬枯、北缺南丰,水资源分布不均匀。区域性水资源配置工程,在不同范围内缓解了水资源时空不均的制约[40]。水利工程与人类的生产生活有着密切的关系,调水工程改变水资源的时空分布带来诸多好处的同时,对生态环境会造成复杂而深远的影响。水是维持生态系统健康必不可少的要素,调水工程是对水生态系统进行调节、取得动态平衡的过程。注重水利工程生态环境造成的影响,立足流域整体和水资源空间配置,遵循生态安全、可以持续的原则,是确保水利工程安全稳定运行、生态安全的有力保障[41]。

目前国内外已有40多个国家建成350余项调水工程,100余个已建、在建或规划的大型调水工程。国外大型跨流域调水工程包括美国规模最大的加州调水工程、南美的亚马孙河调水工程、俄罗斯的土库曼大运河调水工程、北美的密西西比河调水工程等[42]。我国早在春秋时期就修建了京杭大运河这一跨流域调水工程。中华人民共和国成立之后,我国跨流域调水工程建设快速发展,完成了南水北调工程等利国利民的调水工程。调水工程极大地缓解了沿途城市的水资源短缺问题,对经济发展、农业灌溉和水资源效益提升有着重要作用。调水工程不仅仅是输水工程,它在缓解水源区防洪压力的同时,对沿途的生态环境效益和社会经济发展都有着重要作用[43]。

关于调水工程区域生态环境变化影响的研究内容,主要包括植被相关指数变化[44]、气候相关指数变化[45]、水环境质量变化[46]、土地利用变化[47]及径流变化[45]等诸多方面。考虑到人类活动的影响,水利工程的建设会对周边土地利用布局造成一系列的影响,人类活动同时会反过来影响周边环境大发展[48]。如探究梯级水库建设对沉积物氮形态分布的影响,证明沉积物理化性质受其影响而改变[49]。

关于区域生态环境变化的研究方法,经历了从主要通过地面站点的实地勘测的抽样勘测数据分析,转变为根据遥感技术发展的新方法获取不同尺度生态环境数据进行长时序分析[50]。遥感技术的发展应用，降低了数据获取难度，缩短了调查周期长度，保持了观测序列的连续性。根据评价目标和评估重点的不同也产生了丰富的指标和模型，依据研究区域不同的生态环境变化特性，有针对性地选取评价方法。随着遥感技术的快速发展，动态监测指标体系由原来单一指标来对环境进行评价检测，开始转为综合建立考虑多方面的整体指标模型来评估生态环境变化。如廖晋一等[51]利用基于生物丰度指数、植被覆盖指数、水体指数、污染负荷指数和人类活动指数五项指数的生态环境状况指数(EI)综合加权求和定量描述合肥市的生态环境状况。孙彩霞等[52]利用基于植被覆盖数据及空气质量数据等得到五个指标的新生态环境指数(NEI)，综合反映阜新市区域生态环境状况。缪鑫辉等[53]提取湿度、绿度、干度、热度四个指标利用遥感生态指数(RSEI)对甬江流域进行生态环境变化定量分析和动态监测评价。Wang 等[54]利用遥感生态距离指数(RSEDI)进行宁夏的生态环境质量分析评价。

目前，关于丹江口库区生态环境变化的研究中，现有研究主要有：王勇等[55]通过构建遥感生态指数(RSEI)对丹江流域(河南段)16 年内的生态环境质量情况进行了动态监测，并综合现有数据对其生态环境变化的原因进行了分析；段小芳等[56]在丹江口水库调水后，研究其下游的 3 个典型支干流交汇区水质变量的时空变化特征；刘洋[45]基于气候模式进行 2 个气候情景土地利用数据的预测，对其径流变化进行了模拟分析；刘克等[57]利用 2009—2015 年丹江口库区土地覆被变化，分析调水工程对水源区生态环境的影响；刘海等[58]利用当量因子法，评估丹江口水库受南水北调中线工程影响的生态价值和生态效益变化；Zhao 等[59]研究了水库建设对流域水生态系统的影响程度；刘海等[44]利用经验正交遥相关(EOT)算法重建了 1982—2018 年的归一化植被指数(NDVI)，从人类活动和气候变化分析植被覆盖度的时空变化；Niu 等[60]基于 InVEST 模型，以土地利用覆盖、气象和土壤数据为输入量，计算了南水北调工程水源区产水量的时空格局；Sun 等[61]构建基于熵权-层次分析法(AHP)模糊综合评价方法的评价模型，研究 2010—2019 年南水北调工程运行后对各受水城市经济-社会-资源-环境的影响；Li 等[62]利用 ArcMap 软件和一元线性回归模型对 2010—2019 年南水北调中线水源区植被时空演变进行研究；Sun 等[63]建立了基于 DPSIR 模型的生态安全评价指标体系，采用层次分析法和熵权法相结合的方法对南阳市 2000—2020 年各区、县的生态安全进行了评价，并采用自回归综合移动平均(ARIMA)模型对 2021—2030 年水源区的生态安全进行了预测；Wang 等[64]构建基于模糊综合评价/突变级数法的生态脆弱性评价模型，对丹江流域(河南段)生态脆弱性进行评价；梅嘉洺等[65]基于 SWAT 水文模型，探究旬河流域(为汉江上游的主要支流)径流量对气候变化的响应。

上述研究表明,遥感技术具有强大的空间观测能力,在生态环境信息和动态监测方面的应用范围日益广泛,提供了丰富的逐渐交叉发展的评价指标,能够展现不同时间、空间尺度上的各种特征,为评估工作提供了定性和定量指标,使评价结果越来越科学、可靠[66]。这些关于丹江流域的生态环境变化的研究为生态质量的全面评估提供基础,但这些研究主要缺少针对南水北调中线工程对不同时期的地表温度与植被覆盖度影响的定量化对比分析和相关性分析;主要为月度、年度分析,缺少考虑流域特征差别明显的枯水期与丰水期的综合对比分析。针对研究不足,故可利用遥感技术手段,基于长时间序列分析方法从量化分析、特征提取的角度对丹江口水库在特征不同的各个时期的生态环境变化进行评估。

1.2.3　地表温度重建方法研究

地表温度数据的精确重建对最终的地表气温数据的生成至关重要[67],目前已有许多多云条件下造成的地表温度数据缺失应对方法的研究。

如果仅仅利用经过质量控制的晴空像元,即反演精度高、效果好的数据,并未对数据进行修复,如利用多期数据合成 8 天的地表温度数;或者将地表气温空间插值数据结合使用,如使用气象站数据利用时空解析模型[68]对基于遥感卫星的测量提供了高时空分辨率日地表温度的缺失数据的预测[69]。还有就是利用地表温度数据以外的辅助数据,进行地表温度的估算,对地表温度进行补全或者得到整幅地表温度数据。如 Duan 等[70]利用热红外 TIR 和微波 PMW 产生全天候的 LST,利用气温垂直递减率估算地表气温。Zhang 等[71]利用大气红外探测仪(AIRS)数据产品作为 MODIS 因多云情况下缺失的 LST 的填充值。Zhu 等[72]利用 MODIS 大气产品 MOD06_L2 估算地表温度,用 MOD07_L2 估算近地表气温,开发了一种没有其他辅助参数参与的回归模型,实现了在白天有云的情况下地表气温的估算。

利用地表温度数据本身的性质结合多种方法对地表温度缺失值进行补全:一种是直接利用地表温度遥感数据的空间相关性,选择合适的数学或者经验公式的空间插值方法。如利用 LST 数据和其他数据之间的经验关系估算缺失的影像值[73]。这种经验公式主要通过找到与地表温度相关的因素或者协变量建立回归关系重建地表温度,这种相关因素多数与地表温度一样受到多种因素影响。LST 的时空变异性很强,地表温度数据的无效像元占比很高,对插值带来很大的困难和挑战。插值对数据覆盖度的补全程度小,某些异常和极值也很难仅仅通过插值来模拟。一种是根据数据的时间变化规律建立模型。这种方法必须满足时间的变化规律，常用的有时间序列谐波分析 HANTS[74]、Savitzky-Golay 滤波(S-G 滤波)[75-76]、TIMESAT[77]等方法，这些方法对于重建 8 天的地表温度产品效果较好。李天祺等[78]根据 LST 数据的时空变化特征，基于 LST 观测值、波动值与背景值之间的关系，通过 Gressman 客观分析法和非对称高斯拟合法重建 LST，有效地填补了空白地表温度值，但该方法只适用于多景的地表温度数据，且仅考虑了高程和地表覆盖带来的影响。冯锐等[79]利用非对称高斯函数拟合法(Asymmetric Gaussians, A-G)、S-G、双 Logistic 函数拟合法(Double Logistic, DL)和 HANTS 等四种方法对辽宁省的中国风云系列气象卫星数据集进行重建，并对比重建效果与精度，分析四种方法的优劣[73,80-81]。目前已经出现以上多种方法之间的结合，充分利用时间和空间规律，全面对地表温度进行重建[82]。越来越多的学者开始利用时空重建的方法来恢复被云覆盖的无效像元值[83]，研究表明，空间和时空信息结合方法的预测能力优于单纯时间方法，即使在非常高的云层覆盖率的情况下也是如此，空间方法受地形影响最大。利用遥感数据之间的空间相干性和季节性规律，创新性地设计了 gapfill 方法，使用分位数回归来平滑图像，能够预测大比例的缺失值[84]。针对 gapfill 效率低的问题，Militino 等[85]提出运行速度更快的平均距平插值(IMA)方法，并与 Timesat、HANTS、gapfill 等方法做了对比，效果较好。Yang 等[86]对 HANTS 方法进行改进，结合泊松图像编辑、表面能量平衡理论，依次对图像进行处理，从而得到每日的 LST 数据。Chen 等[87]利用 Landsat 无云观测数据填补原始 Landsat NDVI 时间序列数据中的缺失值，再利用加权 Savitzky-Golay 滤波器去除合成时间序列中的残留噪声。周芳成等[88]借助地表温度同化数据集发展了一种时空匹配的数据融合方法。

1.2.4 研究评述

综上所述，虽然国内外在区域生态环境变化的研究已经取得了大量的成果，也在理论实践和实际应用研究中都已经取得了不错的成绩，但仍存在一些问题和不足之处。

(1) 根据以往的丹江流域(河南段)地表温度与植被覆盖度的研究，有必要加强南水北调中线工程对不同时期的具体影响的研究。研究主要为月度、年度变化分析，缺少针对南水北调中线工程对丰水期、枯水期相对照的定量化综合的像元尺度对比分析。关于研究南水北调中线工程建设对周围生态环境与气候环境造成长远而复杂的影响的相关研究尚且不够，针对具有典型流域特征的跨流域调水工程水源地的研究成果相对较少，无法为研究区的资源可持续发展与保护提供针对性的对策和建议。

（2）在实际应用中，对解决长时序监测云覆盖造成遥感影像缺失的情况，针对复杂地形的长时序数据重建较为复杂低效，缺少一种既考虑地形影响，又考虑长时序影像之间存在的相关性的高效的地表温度的时空重建方法。

本研究针对当前流域生态环境变化研究中存在的问题，结合研究区流域特色，利用遥感技术手段，以探究南水北调中线工程对地表温度与植被覆盖度的影响为主要目标，构建了一种高效的地表温度重建方法，该方法既适用于山地与平原并存的区域，又考虑了时间相关性。从多个角度、以不同特征的时期为节点对丹江流域（河南段）在南水北调中线工程影响的16年内的地表温度与植被覆盖度变化进行了量化分析评估。研究南水北调中线工程对丹江流域地表温度及植被覆盖度的影响，为南水北调中线工程运行背景下的丹江流域（河南段）生态环境、区域气候变化、水资源保护与管理提供科学的决策依据。

1.3　研究内容与技术路线

1.3.1　研究内容

研究内容主要包括以下几个方面。

（1）南水北调中线工程对丹江流域（河南段）地表温度变化的影响

针对部分影像缺失问题，基于对地表温度数据（MYD11A2）的质量分析的结果，针对复杂地形构建了一种新的DEM-IMA插值的地表温度重建方法，为长时序地表温度重建提供一种简单有效的方法，并利用气象站数据和Landsat 7数据对重建影像的质量进行精度评估。提取符合使用精度要求的地表温度重建数据并进行空间分布及变化分析，再利用河流水面范围对周边进行欧式分配，进而得到地表温度差（TD），根据南水北调中线工程建设前后的变化计算南水北调中线工程温度效应变化强度指数（RECI），结合地表温度差（TD）和南水北调中线工程温度效应变化强度指数（RECI）分段分析南水北调中线工程的地表温度调节作用。

（2）南水北调中线工程对丹江流域（河南段）植被覆盖度变化的影响

结合研究区实际情况进行遥感影像分类，然后对南水北调中线工程建设前后的土地利用变化情况进行分析。利用Landsat 7数据反演得到的植被覆盖度数据与植被指数数据（MYD13Q1），提取南水北调中线工程建设前后不同汛期的NDVI数据，利用像元二分模型进行植被覆盖度数据的计算，对结果分级并进行差值运算，结合地表土地利用数据对南水北调中线工程建设前后的植被和土地利用情况进行分析。探究南水北调中线工程建设对植被覆盖度变化的影响。

(3) 丹江流域(河南段)地表温度与植被覆盖度变化的相关性

以南水北调中线工程对地表温度与植被覆盖度变化的影响的分析结果为基础，综合研究地表温度变化与植被覆盖度变化之间的相关关系。首先探究土地利用类型与地表温度的关系，然后分别探究不透水面指数(ISA)、归一化植被指数(NDVI)与地表温度(LST)之间的相关性；接着探究南水北调中线工程温度效应变化强度与植被覆盖度等级转移变化之间的相关性；最后建立地表温度、植被覆盖度和高程之间的多元线性回归方程，探究丹江流域(河南段)地表温度与植被覆盖度变化的相关性。

1.3.2 技术路线

本研究主要以南水北调中线工程实施背景下水源地丹江流域(河南段)2003—2005 年与 2019—2021 年的 Landsat 遥感影像、MODIS 产品数据为主要数据，结合 SRTM-90M 分辨率数字高程数据产品以及气象站数据等辅助数据为基础，运用 ENVI 5.3 软件、Python 与 IBM SPSS 等工具，对丹江流域(河南段)地表温度、植被覆盖度和土地利用状况进行反演构建，通过不同的模型来探究不同要素之间的相关关系，以此探讨南水北调中线工程对丹江流域(河南段)地表温度与植被覆盖度的影响。为研究区气候资源的空间分布差异、气候变暖和环境变化等研究提供参考，为实现丹江流域环境资源的合理开发、利用和保护，最终实现生态、经济与环境的协调发展提供技术支持。

总体技术路线如图 1-1 所示，主要分为以下三个部分。

(1) 地表温度的重建与南水北调中线工程对地表温度的影响分析

对经预处理的 MYD11A2A 数据，进行数据质量分析，再利用改进的 IMA 方法对地表温度进行重建，获得 8 日地表温度数据。将气象站的每日平均气温进行对应 MYD11A2 日期的 8 日平均，与重建结果对照，并利用 Landsa 7 数据验证。对温度重建结果进行月度变化分析，以及丰、枯水期变化分析，利用研究区各处的地表温度与经河流表面欧氏距离分配后周边的温度作差，得到地表温度差(TD)。以不同时期节点进行地表温度差的差值计算，得到南水北调中线工程温度效应变化强度(RECI)，结合地表温度差(TD)和南水北调中线工程温度效应变化强度(RECI)分段讨论南水北调中线工程的升温效应和降温效应。

(2) 植被覆盖度的提取与南水北调中线工程对植被覆盖度的影响分析

对经预处理的 MYD13Q1 数据利用像元二分法进行植被覆盖度的计算，对 Landsat 7 数据进行辐射校正、大气校正等预处理工作，利用波段运算和像元二分模型进行植被覆盖度计算。利用分级显示和差值运算，分析丹江流域(河南

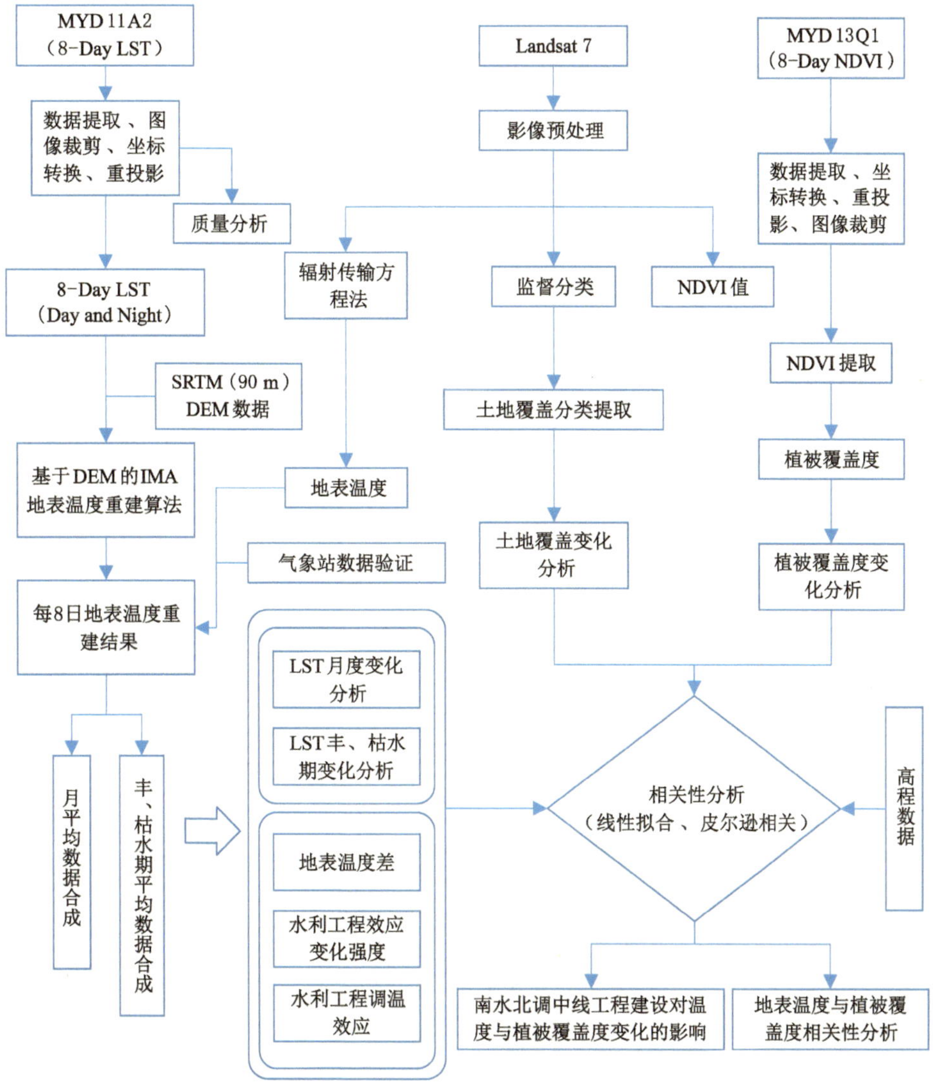
MYD 11A2
（8-Day LST）
Landsat 7
MYD 13Q1
（8-Day NDVI）
数据提取、图像裁剪、坐标转换、重投影
影像预处理
质量分析
数据提取、坐标转换、重投影、图像裁剪
8-Day LST
（Day and Night）
辐射传输方程法
监督分类
NDVI 值
NDVI 提取
SRTM（90 m）
DEM 数据
土地覆盖分类提取
植被覆盖度
基于 DEM 的 IMA
地表温度重建算法
地表温度
土地覆盖变化分析
植被覆盖度变化分析
气象站数据验证
每8日地表温度重建结果
LST 月度变化分析
LST 丰、枯水期变化分析
月平均数据合成
丰、枯水期平均数据合成
地表温度差
水利工程效应变化强度
水利工程调温效应
相关性分析
（线性拟合、皮尔逊相关）
高程数据
南水北调中线工程建设对温度与植被覆盖度变化的影响
地表温度与植被覆盖度相关性分析

图 1-1　总体技术路线

段)南水北调中线工程建设前后丰水期向枯水期转变时的植被覆盖度的转移情况,南水北调中线工程建设前后丰水期与枯水期的植被覆盖度的变化情况。

(3) 地表温度与植被覆盖度的相关性影响分析

利用前文分析的结果,分析土地利用类型与地表温度的关系,分析归一化植被指数、不透水面与地表温度的关系,分析温度效应变化强度与植被覆盖度转移变化的关系,分析地表温度、植被覆盖度和高程的关系。

第 2 章　研究区概况与数据处理

2.1　研究区概况

2.1.1　地理位置

丹江流域(河南段)作为南水北调中线工程主要水源地,位于河南省西南部,坐落于鄂、豫、陕三省交界处,南接湖北省,西邻陕西省,研究区主要涉及区域包括三门峡的卢氏县、洛阳市的栾川县及南阳市的西峡县、淅川县、内乡县、邓州市共六县(市)。卢氏县及栾川县属山区起伏较大,属于伏牛山脉南麓地带;淅川及西峡两县地形复杂,主要为伏牛山南麓山区,山地面积占比较高;研究区东南为相对缓和的平原地带,其地形相对平坦。区域内地形复杂且海拔高度落差较大,研究区的高程范围在 114～2 096 m 之间,景观类型多样,具有丹江流域的相关特征。地理坐标为东经 111°58′～110°35′,北纬 34°01′～33°30′,研究区总面积为8 411.57 km^2。丹江是长江水系一级支流汉江在秦岭南坡的最大支流,其干流自河南省淅川县荆紫关上游 3 km 的月亮湾注入丹江口水库,汇水总面积占整个研究区的 3.11%。总体而言,该研究区具有典型的流域特征,地形和景观多样复杂,拥有不同的自然环境,包括山地、平原和河流等,这也给当地的生态环境和资源利用带来了一定的挑战。

其地理位置如图 2-1 所示。

2.1.2　气候特征

研究区地势西北高、东南低,有利于低空暖湿风气由西北进入,研究区具有亚热带向暖温带过渡的季风性气候特征[65]。年平均温度在 16.9 ℃左右,年均降雨量丰富,但年际间降水分布不均匀,差别相当大,主要集中在 8—10 月,12 月至次年 2 月降雨稀少,全年降水量一般为 850～1 000 mm,雨热同期[66]。

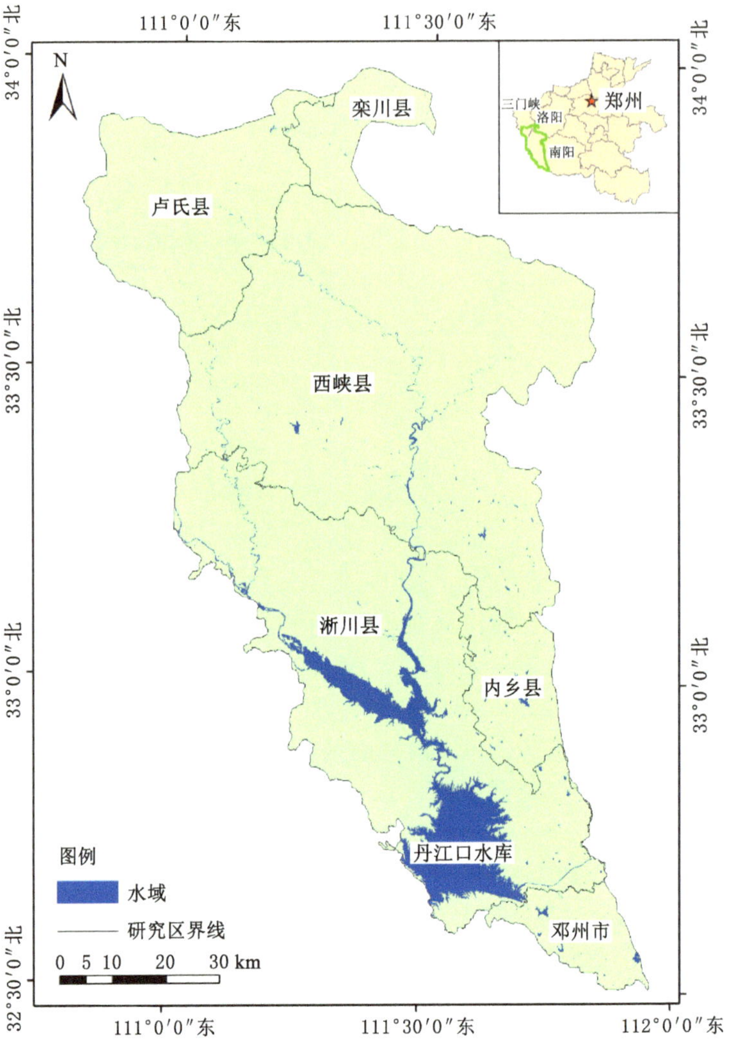

图 2-1　研究区地理位置

2.1.3　植被类型

研究区内土地利用类型多样，主要为平原地区典型特征，包括林地、草地、耕地、水域、建设用地、裸地和未利用地等[89]。有多种森林类型和植被覆盖，包括落叶阔叶林、针阔混交林和石漠化荒山等。水域大部分区域分布在淅川县境内的丹江口库区附近，北部海拔相对较高地区的林地分布密集，耕地以东南部平原地区为主要分布区域，草地以中部盆地和垄岗地带为主要分布区域。主要农作物有小麦、玉米和马铃薯；林地以栎树、侧柏和松树等乔木为主；草本植物主要有鬼针、茅草等。

2.1.4　降水特征

丹江流域是一个具有多河流的复合流域，主要包括丹江口水库、汉江、鄂东北水系等。丹江口地区属北亚热带季风气候。丹江口水库降水充足，年平均降水量为 820 mm 左右，降雨旺盛期主要集中在夏季（6—9 月），常常出现短时高强度降雨，这种降雨可能会引发山洪和城市内涝等灾害。丹江口水库夏季降雨多，冬季降雨少，夏季降雨占全年总量的 50%以上，而冬季降雨只占总量的 8%左右。丹江口水库的降水分布不均，主要分布在丘陵山区，水库周围平原地区降雨较少。丹江口水库降雨量丰富，降水充足带来的水源是保证南水北调中线工程顺利实施的基础之一。丹江流域（河南段）降水特征主要由以下两个水系组成：

（1）鄂东北水系降水特征：鄂东北水系位于丹江流域的边缘地带，夏季降雨集中在 6—9 月，主要以部分阵雨、雷雨的形式出现。冬季降水不多，主要以小雨、雾的形式出现。鄂东北水系的雨量较少，平均每年的降水量约为 600 mm。

（2）汉江水系降水特征：汉江流域属于中亚热带季风气候区，具有多雨季和少雨季的明显特征。汉江流域降水量主要集中在夏季（5—9 月），其中 7 月为最多雨的月份，平均每年的降水量在 1 000 mm 左右。冬季（11 月至次年 3 月）则相对少雨，雨量较为平均，加上受到气温低的影响，冬季降水主要以雪的形式存在。丹江口水库水源主要来自汉江水系。

近年来，由于全球气候变化的影响，丹江口水库的降雨量和分布也发生了变化，暴雨频率增加，同时长时间干旱天气也不断出现，对水库的水量管理带来较大的挑战。参照相关研究，本研究定义当年的 8、9、10 月为丰水期，定义当年的 12 月及次年的 1、2 月为枯水期[90]。

2.2　数据来源与预处理

2.2.1　气象数据

丹江口大坝加高工程是在已运行了近 40 年的基础上进行的一项重大改造，旨在提高大坝的防洪能力和发电能力。

丹江口大坝从 2005 年进入加高工程第一阶段，历时 8 年，于 2013 年 8 月完成主体工程并通过蓄水验收，正式具备蓄水条件。主要措施是在原有坝顶表面修建新的钢筋混凝土面板，使大坝提高 17.7 m，增加库容量 7.1 亿 m^3，同时提高了大坝的防洪和发电能力。

第一阶段工程完成后，于 2013 年开始第二阶段工程。该阶段工程主要包括两个部分：大坝下游水电站的加建和大坝右岸的固坝工程。加建的水电站设有 4 台 85 000 kW 机组，大大增强了大坝的发电能力。而固坝工程则是为了保证大坝加高后的稳定性和防洪能力，加固大坝右岸的砂砾坝。

2014 年 12 月，南水北调中线工程正式通水，2018 年开始，该大坝完成正常蓄水位 170 m 试验，2021 年 11 月通过完工验收。

为了研究南水北调中线工程建设对研究区温度的影响，本研究选择 2003、2004 和 2005 年作为南水北调中线工程建设前的时期，2019、2020 和 2021 年作为南水北调中线工程建设后的时期，分段对南水北调中线工程对丹江流域（河南段）的地表温度与植被覆盖度进行分析。

气象站数据从国家气象科学数据中心（https://data.cma.cn/）下载，获取研究区范围内的 4 个气象站的每日平均气温数据（2003—2005 年，2019—2021 年，每年的 1、2、3、7、8、9、10、11、12 月），气象站点基本信息如表 2-1 所列。将气象站表格数据转换为包含属性的坐标数据，并进行投影转换。

表 2-1　气象站点基本信息

区站号	站名	站类	纬度	经度	观测场海拔高度/m	气压传感器海拔高度/m
57077	栾川	基本站	33°47′	111°39′	742.4	743.4
57156	西峡	基本站	33°18′	111°30′	250.3	251.3
57169	内乡	一般站	33°09′	111°53′	221.2	222.3
57261	淅川	一般站	33°07′	111°31′	233.0	234.5

2.2.2 地表温度数据

本研究选择 2003、2004 和 2005 年作为南水北调中线工程建设前的时期，2019、2020 和 2021 年作为南水北调中线工程建设后的时期。丰水期采用 8、9、10 月合成的平均数据，枯水期采用 12 月及次年 1、2 月合成的平均数据。为进行地表温度重建，需要相邻时期的温度数据参与计算。选择的数据为 2002—2006 年、2018—2022 年期内的 1、2、3、7、8、9、10、11、12 月的 MODIS 的地表温度 MYD11A2 数据为数据源。

MODIS 影像数据获取周期短，观测频率高，这样的数据更新频率对实时地球观测和应急处理（例如森林和草原火灾监测和救灾）有较大的实用价值。TERRA 卫星与 AQUA 卫星主要技术指标对比如表 2-2 所列。

表 2-2　TERRA 卫星与 AQUA 卫星主要技术指标对比

项目	参数	
卫星名称	TERRA	AQUA
发射时间	1999 年 12 月 18 日	2002 年 5 月 4 日
运载火箭	ATLAS IIAS	DELTA CLASS
轨道高度	太阳同步，705 km	太阳同步，705 km
轨道周期	98.8 min	98.8 min
过境时间	上午 10:30	下午 10:30
地面重复周期	16 天	16 天
质量	5 190 kg	2 934 kg
展开前体积	3.5 m×3.5 m×6.8 m	2.6 m×2.49 m×6.49 m
星载传感器数量	5 个	6 个
星载传感器名称	MODIS、MISR、CERES、MOPITT、ASTER	AIRS、AMSU-A、CERES、MODIS、HSB、AMSR-E
遥测	S 波段	S 波段
数据下行	X 波段(8 212.5 MHz)	X 波段(8 160 MHz)
总供电功率	3 000 W	4 860 W
卫星设计寿命	5 年	6 年

MODIS 产品的分辨率根据不同数据的特点而不相同，以满足不同用户的需求，分为 250 m、500 m、1 000 m、5 600 m(0.05°) 四类。根据不同需求，MODIS 在官网下载时可以进行在线预处理：进行裁剪、拼接、重投影等操作。原始光谱数据在进行分析提取后划为两级数据成果：0 级、1 级。根据不同空间分辨率和时间分辨率进一步分级为 44 种标准数据产品类型。

本研究选择空间分辨率为 1 km、重访周期为 8 天的搭载于 AQUA 上的 3 级产品 MYD11A2，其产品介绍见表 2-3。该数据的温度结果使用简单的平均方法将 1 km 空间分辨率的每日 3 级 LST 产品（MYD11A）在 IntegerizedSinusoidal 投影（V3 中）或 Sinusoidal 投影（V4 中）网格化的每日 LST 产品数据进行平均得到。

表 2-3　MYD11A2 产品介绍

项目	参数
产品名称	MYD11A2
产品类型	地表温度数据
数据格式	HDF-EOS
时间分辨率	8 天
空间分辨率	1 km(实际 0.928 km)
SDS HDF 图层数	12 层
维数	1 200 行×1 200 列
地图投影	正弦
产品等级	L3

MYD11A2 产品参数见表 2-4。

表 2-4　MYD11A2 产品参数

数据集图层	数据层描述	单位	数据类型	相乘比例因子	有效范围	增加偏移量
LST_Day_1km	白天 1 km LST	开尔文	16 位无符号整数	0.02	7 500,65 535	N/A
QC_Day	白天质量控制	无	8 位无符号整数	0	0,255	N/A
Day_view_time	白天观测时间	时	8 位无符号整数	0.1	0,240	N/A
Day_view_angl	白天观测天顶角	度	8 位无符号整数	1	0,130	−65
LST_Night_1km	夜间 1 km LST	开尔文	16 位无符号整数	0.02	7 500,65 535	N/A
QC_Night	夜间质量控制	比特位	8 位无符号整数	0	0,255	N/A
Night_view_time	夜间观测时间	时	8 位无符号整数	0.1	0,240	N/A
Night_view_angl	夜间观测天顶角	度	8 位无符号整数	1	0,130	−65
Emis_31	31 波段发射率	无	8 位无符号整数	0.002	1,255	0.49
Emis_32	32 波段发射率	无	8 位无符号整数	0.002	1,255	0.49
Clear_sky_days	白天无云覆盖	无	8 位无符号整数	0	1,255	N/A
Clear_sky_nights	夜间无云覆盖	无	8 位无符号整数	0	1,255	N/A

数据集包含的数据产品为 MYD11A2 数据，分辨率为 1 km，产品为 8 天合成，MYD11A2 地表温度数据来源于美国国家航空航天局官网。利用 MODIS 投影转换工具 MRT 对 HDF 格式的 MODIS 数据进行投影转换等影像处理，生成数据格式为 tif 的 2000—2021 年丹江流域(河南段)地表温度数据产品。将地

表温度数据产品经系数缩放公式(2-1)进行灰度值转换,计算得到以摄氏温度为单位的地表温度数据。

$$NG \cdot 0.02 - 273.15 \tag{2-1}$$

利用 ENVI 5.3 软件进行重采样,对坐标投影产生的微量差别重投影,保证所有图像空间分辨率为 1 km,并且空间地理坐标完全一致,便于后续图像的数据运算。因为涉及图像的插值重建,需要研究区外的数据进行辅助计算,暂不利用研究区边界进行影像裁剪。

2.2.3　地表植被数据

MYD13Q1 植被指数数据来源于美国国家航空航天局。数据分辨率为 250 m,时间分辨率是 16 天,具体参数如表 2-5、表 2-6 所列。

表 2-5　MYD13Q1 产品介绍

项目	参数
产品名称	MYD13Q1
产品类型	植被覆盖度数据
数据格式	HDF-EOS
时间分辨率	16 天
空间分辨率	250 m
SDS HDF 图层数	12 层
维数	4 800 行×4 800 列
地图投影	正弦
产品等级	L3

表 2-6　MYD13Q1 产品参数表

数据集图层	数据层描述	单位	数据类型	填充	有效范围	相乘比例因子
NDVI	250 m16 天 NDVI	NDVI	有符号 16 位整数	−3 000	−2 000,10 000	0.000 1
EVI	250 m16 天 EVI	EVI	有符号 16 位整数	−3 000	−2 000,10 000	0.000 1
DetailedQA	250 m16 天 VI	无	有符号 16 位整数	65 535	0,65 534	NA
sur_refl_b01	250 m16 天红波段(波段 1)	反射系数	有符号 16 位整数	−1 000	0,10 000	0.000 1

表 2-6(续)

数据集图层	数据层描述	单位	数据类型	填充	有效范围	相乘比例因子
sur_refl_b02	250 m16 天红波段（波段 2）	反射系数	有符号 16 位整数	−1 000	0,10 000	0.000 1
sur_refl_b03	250 m16 天红波段（波段 3）	反射系数	有符号 16 位整数	−1 000	0,10 000	0.000 1
sur_refl_b07	250 m16 天红波段（波段 7）	反射系数	有符号 16 位整数	−1 000	0,10 000	0.000 1
ViewZenith	250 m16 天红波段可视天顶角	度	有符号 16 位整数	−10 000	−9 000,9 000	0.01
SolarZenith	250 m16 天红波段太阳天顶角	度	有符号 16 位整数	−10 000	−9 000,9 000	0.01
RelativeAzimuth	250 m16 天红波段相对方位角	度	有符号 16 位整数	−4 000	−3 600,3 600	0.1
DayofYear	250 m16 天红波段合成天数	儒略日	有符号 16 位整数	−1	1,366	NA
SummaryQA	250 m16 天红波段依赖概括性质量图层	序列值	有符号 16 位整数	−1	0,3	NA

利用 MRT 工具进行投影转换等影像处理，再利用研究区边界矢量文件裁剪得到研究区范围影像。按照产品说明对超出有效值范围的像元进行剔除，将植被指数产品进行灰度值转换，经系数 0.000 1 进行缩放得到 NDVI 值。通过 Python 编程完成上述步骤，生成 2003—2005 年、2019—2021 年丹江流域（河南段）数据格式为 tif 的 MYD13Q1 产品的 NDVI 数据。

2.2.4 DEM 数据

海拔高度（DEM）空间分布数据来源于美国国家航空航天局和美国国家地理空间情报局，以及德国与意大利航天机构共同合作完成的联合测量项目。其结果为美国奋进号航天飞机的雷达地形测绘 SRTM（Shuttle Radar Topography Mission，SRTM）数据。生成分辨率分为 30 m 和 90 m 的两种数据。考虑到地表温度数据的分辨率，本研究选择分辨率为 90 m 的 SRTM 3 文件即可满足要求，结果如图 2-2 所示。

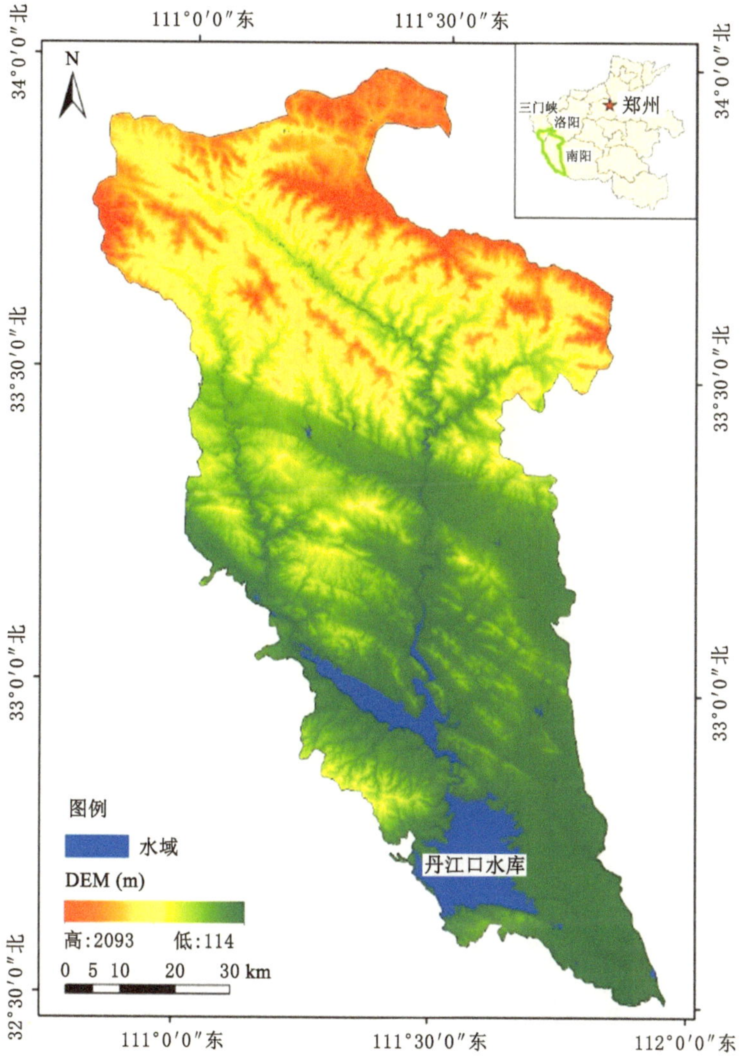

图 2-2　研究区高程分布

2.2.5　Landsat 7 数据

Landsat 7 卫星于 1999 年 4 月 15 日发射升空，这颗卫星搭载了 Enhanced Thematic Mapper Plus(增强型专题制图仪)，重访周期为 16 天，轨道高度为 705 km，倾角 98.2°，卫星运行单位 NOAA，波段数为 8，经过赤道的时间是上午 10 点，扫幅宽度 185 km×170 km。

为避免因云的影响造成的影像质量问题，筛选云量为5%以下的影像，选择获取日期在2002—2006年、2018—2022年内的1、2、3、7、8、9、10、11、12月内的含云量低的高质量图像共18幅，具体获取影像时间如表2-7所列。

表2-7 使用的Landsat 7影像获取日期

2002年	2003年	2004年	2005年	2020年	2021年
9月25日	3月20日	1月2日	2月21日	3月18日	2月17日
11月28日	11月15日	1月18日	9月1日	11月13日	12月2日
12月30日		11月1日	12月22日	12月31日	12月18日
		11月17日			

（1）条带修复

对比已有的条带修复方法，选择修复条带效果比较好且运算速度快的Landsat_gapfill插件对文件进行条带修复。

（2）图像融合

利用ENVI 5.3的Gram-Schmidt Spectral Sharpening工具将多光谱影像与15 m分辨率Pan全色波段融合提高分辨率。

（3）影像裁剪

利用Python对研究区矢量数据进行批量裁剪。

2.2.6 其他空间数据

（1）通过地理遥感生态网（http://www.gisrs.cn/）获取经坐标转换后的研究区边界线。

（2）通过国家统计局、国民经济和社会发展统计公报及河南省人民政府门户网站获取研究区的经济、人口和地理等数据。

第 3 章　丹江流域(河南段)地表温度反演与重建

3.1　Landsat 7 地表温度反演

基于辐射传输方程法，利用 ENVI 5.3 软件平台，分别对研究区影响获取时间为 2002—2006 年、2018—2022 年内的 1、2、3、7、8、9、10、11、12 月内高质量图像 18 幅 Landsat 7 影像进行温度反演。热红外波段辐射校正公式如下所示。

$$L_\lambda = \mathrm{DN} \cdot \mathrm{Gain} + \mathrm{Offset} \tag{3-1}$$

式中　L_λ——星上辐射亮度；

DN——热红外影像中的原始像素值；

Gain(增益)、Offset(偏移)——其值在 ENVI 5.3 中查看影像波段的详细数据可以得到。

表 3-1 列出了 Landsat 7 地表温度计算涉及的相关参数。

表 3-1　Landsat 7 的相关参数

	Gain /[W/(μm·m²·sr)]	Offset /[W/(μm·m²·sr)]	C_1 /[W/(μm·m²·sr)]	C_2 /(μm⁴·K)	K_1 /[W/(μm·m²·sr)]	K_2 /K	有效波长 /μm	波段范围 /μm
Landsat7 B61	0.670 87	−0.067 09	$1.191\ 04\times10^8$	$1.438\ 77\times10^4$	666.09	1 282.71	11.269	10.4～12.5
Landsat7 B62	0.372 05	3.162 8	$1.191\ 04\times10^8$	$1.438\ 77\times10^5$	666.09	1 282.71	11.269	10.4～12.6

根据经验，设定水体的发射率为 0.995，地物发射率的计算公式如下所示。

$$\begin{cases} \varepsilon_{water} = 0.995 & (NDVI \geqslant 0) \\ \varepsilon_{surface} = 0.958\,9 + 0.086 \times F_{veg} - 0.067\,1 \times F_{veg}^2 & (0 < NDVI < 0.7) \\ \varepsilon_{buliding} = 0.962\,5 + 0.061\,4 \times F_{veg} - 0.046\,1 \times F_{veg}^2 & (NDVI \geqslant 0.7) \end{cases} \tag{3-2}$$

通过 ENVI 5.3 中的 BandMath 工具输入转换为计算机语言的公式如下所示。

$$(b_1 le0) \times 0.995 + (b_1 gt_0 \text{ and } b_1 lt0.7) \times (0.958\,9 + 0.086 \times b_2 - 0.067\,1 \times (b_2)^2) + (b_1 ge0.7) \times [0.962\,5 + 0.061\,4 \times b_2 - 0.046\,1 \times (b_2)^2] \tag{3-3}$$

式中　b_1——NDVI 的值；

b_2——FVC 的值。

大气校正（去除水汽影响）公式如下所示。

$$B(T_s) = [L_\lambda - L_{up} - \tau \cdot (1-\varepsilon) \cdot L_{down}]/(\varepsilon \cdot \tau) \tag{3-4}$$

式中　$B(T_s)$——黑体辐射亮度；

L_{up}——大气上行辐射；

L_{down}——大气下行辐射；

τ——大气透过率。

分别通过 NASA 大气计算器获取 NASA 大气剖面参数计算结果、输入影像的成像时间、中心经纬度及其他相关参数，可以得到各遥感影像的大气剖面参数，其结果如表 3-2 所列。

表 3-2　Landsat 7 大气剖面数据

遥感影像信息	大气上行辐射亮度 /[W/(m² · sr · μm)]	大气下行辐射亮度 /[W/(m² · sr · μm)]	大气透过率/%
LE07_L1TP_125037_20020925_20170128_01_T1	1.96	3.14	0.74
LE07_L1TP_125037_20021027_20170127_01_T1	1.64	2.65	0.76
LE07_L1TP_125037_20021128_20170128_01_T1	1.06	1.74	0.84
LE07_L1TP_125037_20021230_20170128_01_T1	0.35	0.59	0.94
LE07_L1TP_125037_20030320_20170125_01_T1	0.91	1.52	0.86
LE07_L1TP_125037_20031115_20180429_01_T1	1.02	1.67	0.85
LE07_L1TP_125037_20040102_20170122_01_T1	0.22	0.38	0.96

表 3-2(续)

遥感影像信息	大气上行辐射亮度 /[W/(m² · sr · μm)]	大气下行辐射亮度 /[W/(m² · sr · μm)]	大气透过率/%
LE07_L1TP_125037_20040118_20170122_01_T1	0.22	0.37	0.96
LE07_L1TP_125037_20041101_20170118_01_T1	0.44	0.77	0.93
LE07_L1TP_125037_20041117_20170117_01_T2	0.63	1.07	0.9
LE07_L1TP_125037_20050221_20170116_01_T1	0.48	0.82	0.92
LE07_L1TP_125037_20050901_20170114_01_T1	2.76	3.29	0.66
LE07_L1TP_125037_20051222_20170111_01_T1	0.23	0.39	0.96
LE07_L1TP_125037_20200318_20200413_01_T1	0.5	0.87	0.93
LE07_L1TP_125037_20200809_20200906_01_T1	4.96	7.04	0.4
LE07_L1GT_125037_20201012_20201108_01_T2	2.72	4.18	0.5
LE07_L1TP_125037_20201113_20201209_01_T1	0.99	1.64	0.86
LE07_L1TP_125037_20201231_20210126_01_T1	0.11	0.2	0.98
LE07_L1TP_125037_20210217_20210316_01_T1	0.37	0.63	0.94
LE07_L1TP_125037_20210913_20211009_01_T1	2.87	4.4	0.64
LE07_L1TP_125037_20211202_20220102_01_T2	0.28	0.49	0.95
LE07_L1TP_125037_20211218_20220113_01_T1	0.29	0.5	0.95

黑体亮度温度(地表温度)的公式如下所示。

$$T_s=(C_2/\lambda)/\ln(\frac{C_1\lambda^{-5}}{B(T_s)}+1) \tag{3-5}$$

式中 λ——有效波长;

C_1、C_2——Plank 函数参数,Landsat 7 的参数如表 3-2 所列。

反演得到的 Landsat 7 地表温度结果如图 3-1 所示。

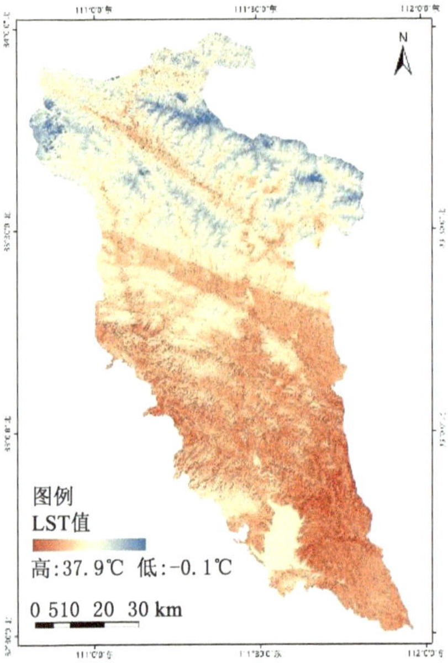

（a）20020925

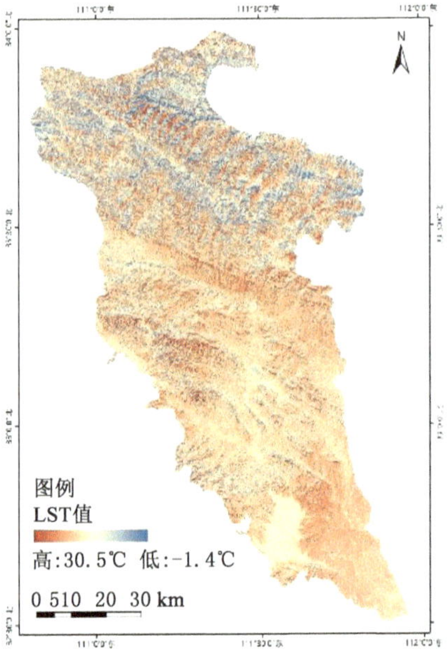

（b）20021128

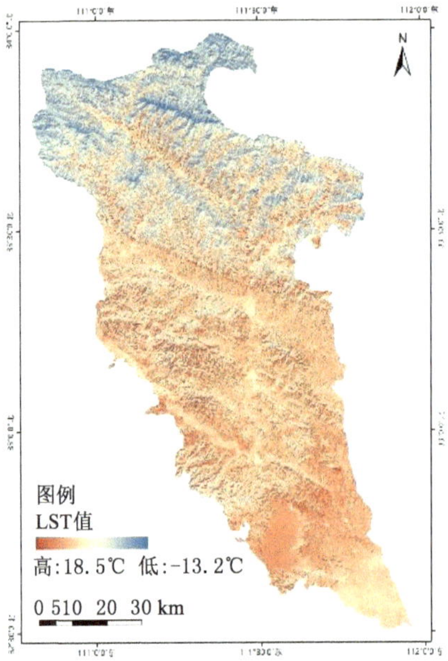

（c）20021230

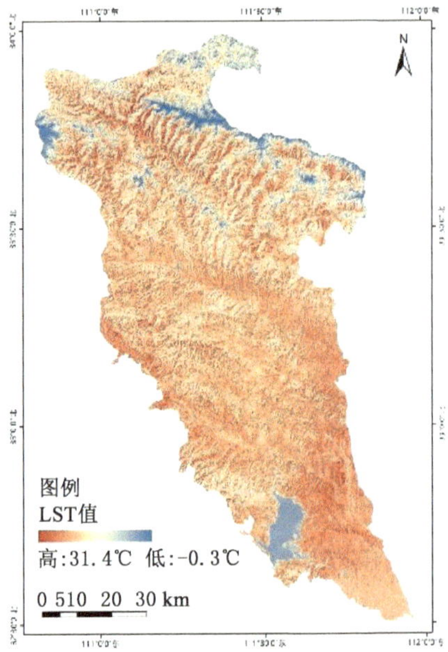

（d）20030320

图 3-1　Landsat 7 不同时期地表温度反演图

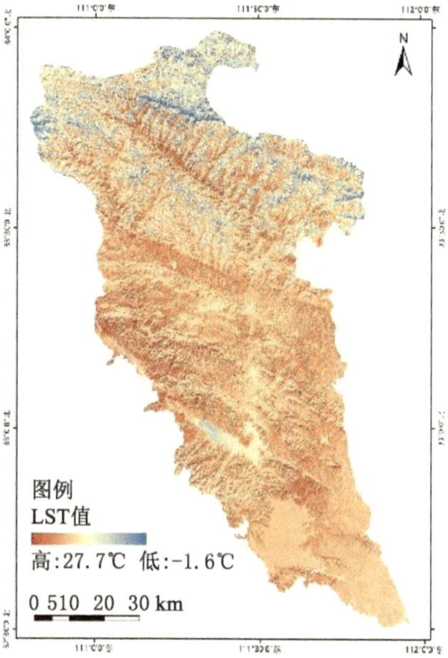

(e) 20031115

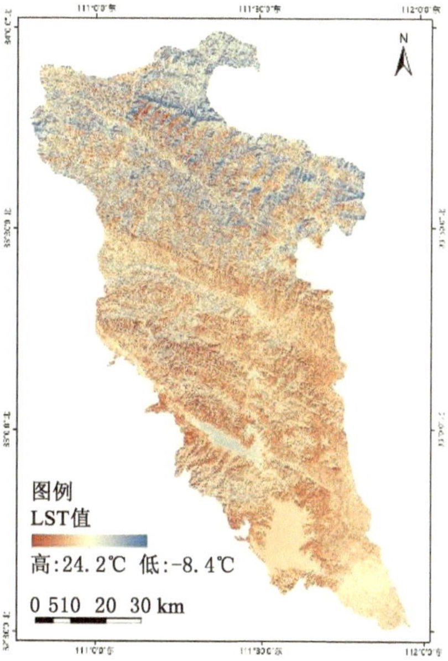

(f) 20040102

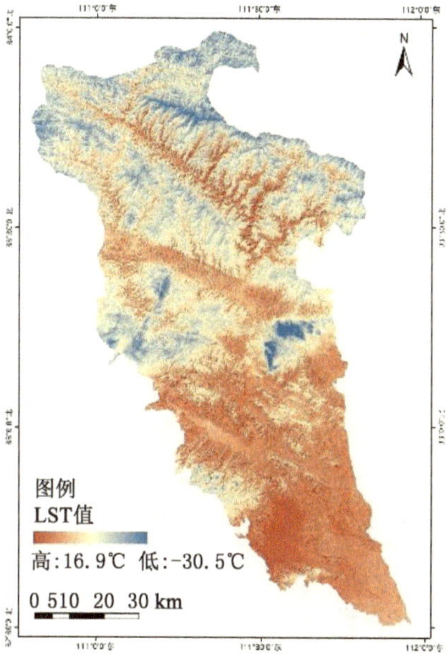

(g) 20040118

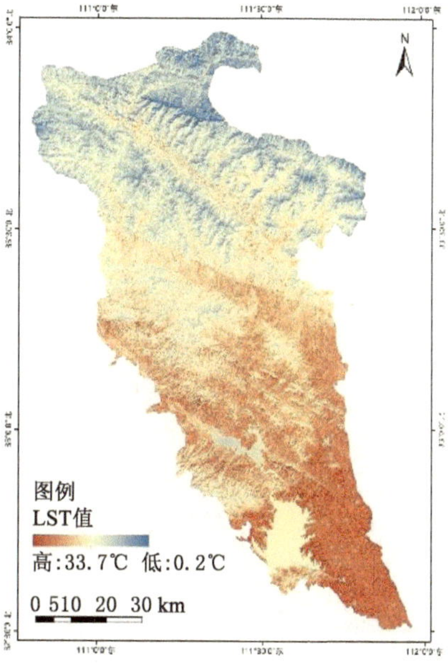

(h) 20041101

图 3-1 (续)

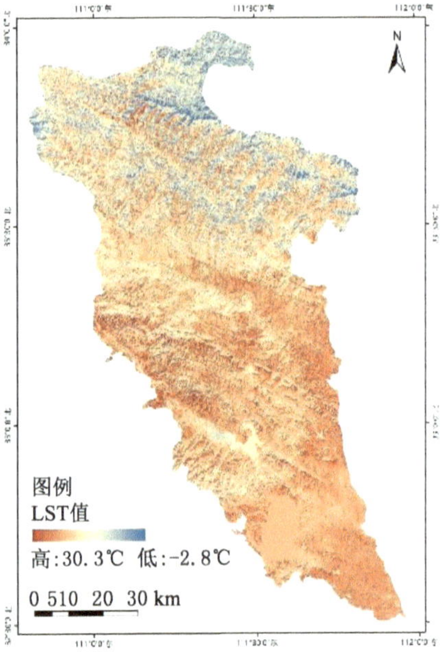

(i) 20041117

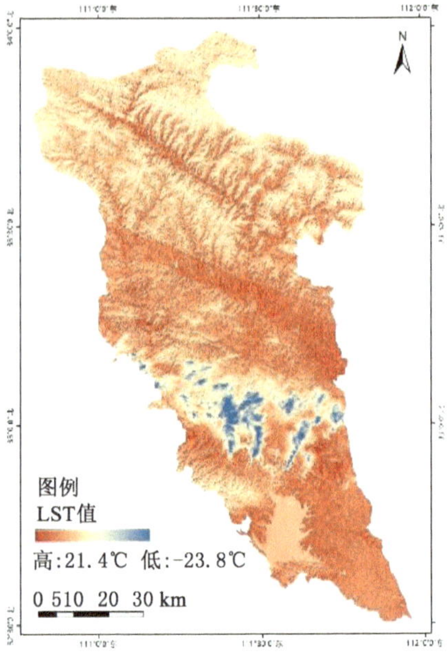

(j) 20050221

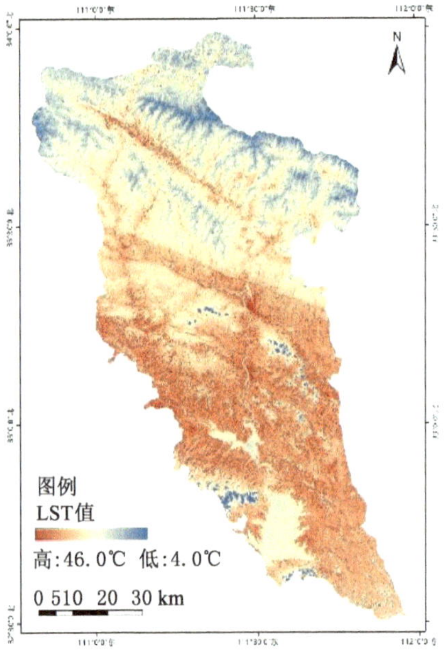

(k) 20050901

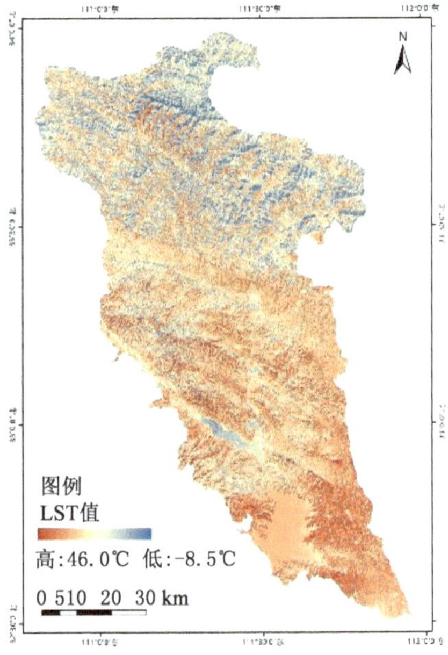

(l) 20051222

图 3-1 (续)

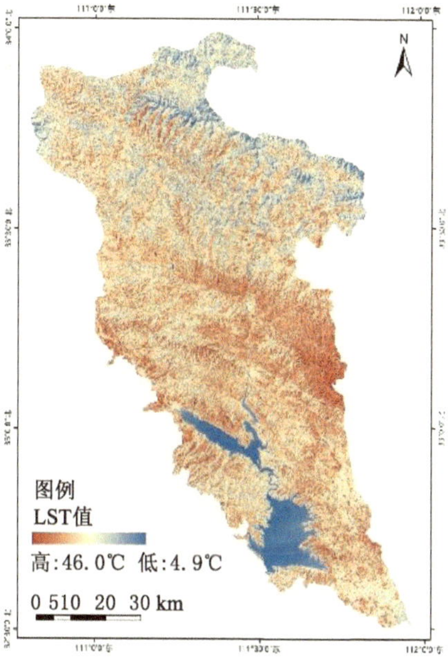

（m）20200318

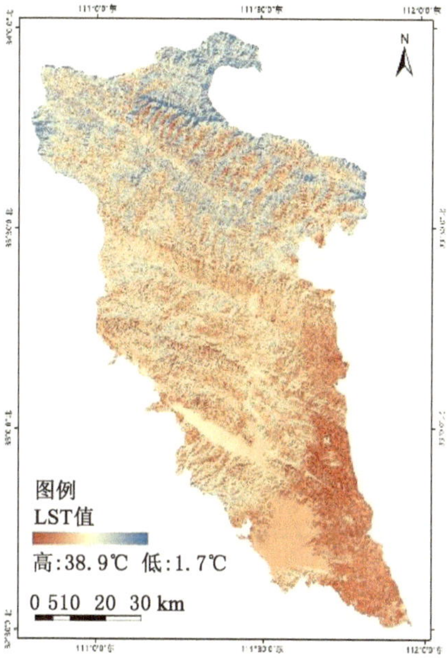

（n）20201113

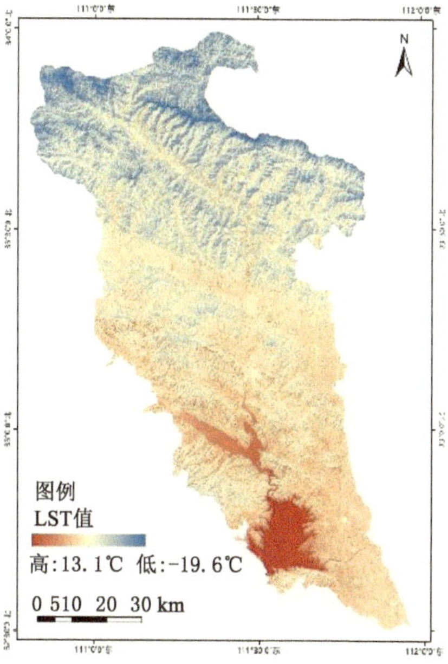

（o）20201231

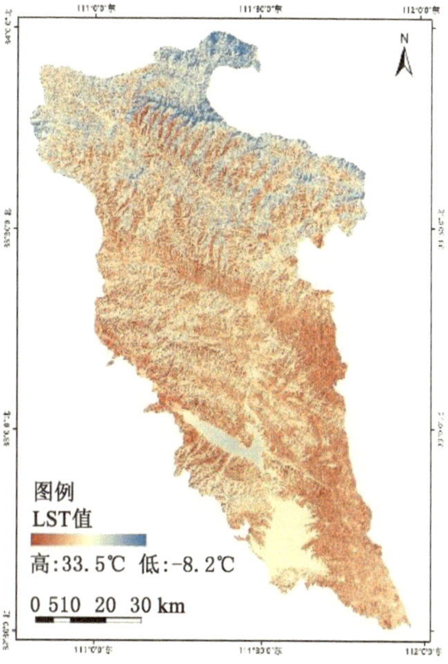

（p）20210217

图 3-1 （续）

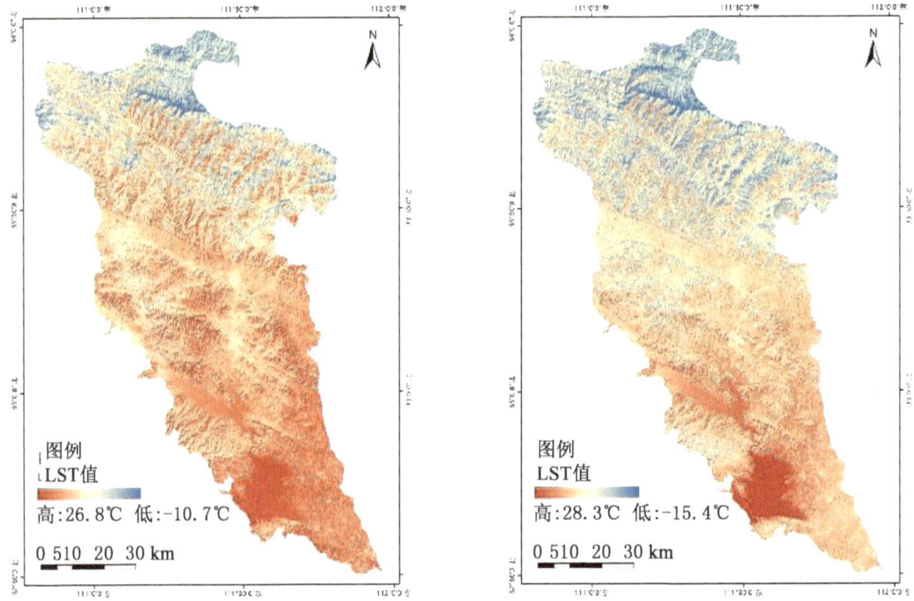

(q) 20211202　　(r) 20021218

图 3-1 （续）

3.2 MODIS 地表温度数据质量分析

MODIS 在使用时影像受到云的影响，造成影像的质量下降问题十分严重。在满足一定精度的条件下，充分利用长时序影像数据的优势，必须进行必要的处理。我国的云量分布呈现一定的规律性，总体来说南多北少，夏季的云量最多，分布量由南到北逐渐减少；2001 年以来夏季中国大部分地区中高云量整体为增加趋势[91]。对于长时序影像来说，云等因素对研究的精度存在不可避免的干扰，影像上的空值以及低质量像元出现存在随机性和必然性，只有对其进行正确重建，才能得到正确的分析结果[92]。

3.2.1 MODIS 质量控制文件介绍

正确理解丹江流域(河南段)的地表温度在不同时期的时间空间变化规律，这是判断如何进行地表温度重建与正确进行地表温度长时间序列重建的理论基础。地表温度数据的质量，是通过一定的方法评价地表温度数据受云影响的严重程度，是客观分析重建误差，并针对不同区域的不同变化特征进行有针对性的地表温度重建的有效手段。

针对云、气溶胶等因素对影像精度产生的误差,MODIS 地表温度产品按照一定的精度评判标准将影像中的每个像素进行精度描述[93]。利用数据质量控制(Quality Control,QC)文件可以进行质量控制。判断所有输入的反演参数都为异常值时,这个像元会被设置为空值。即使是拥有像元值的地方,因为输入的反演参数的异常程度不同,会存在不同的质量。MODIS 数据的生产商也考虑到了数据生产过程中的数据异常情况,为了让客户能够更好地使用数据,他们提供了质量控制文件,每一个产品像元存在对应到质量控制图层的一个像元,需要将提供的 8 位整型数值转化为二进制数值才能进行读取和解译。将数据质量控制文件按照质量控制文件表,如表 3-3 所列,对影像进行质量控制,取得相应精度要求的影像像元。

表 3-3　MYD11A2 质量控制表

bits	Long Name	Key
1 & 0	Mandatory QA flags	00=LST produced, good quality, not necessary to examine more detailed QA 01=LST produced, other quality, recommend examination of more detailed QA 10=LST not produced due to cloud effects 11=LST not produced primarily due to reasons other than cloud
3 & 2	Data quality flag	00=good data quality 01=other quality data 10=TBD 11=TBD
5 & 4	Emis Error flag	00=average emissivity error <= 0.01 01=average emissivity error <= 0.02 10=average emissivity error <= 0.04 11=average emissivity error > 0.04
7 & 6	LST LST Error flag	00=average LST error <= 1K 01=average LST error <= 2K 10=average LST error <= 3K 11=average LST error > 3K

质量控制文件包含在获取到的 HDF 文件的数据集中,经 MRT 数据处理后得到各个波段以十进制储存的 tif 文件,白天、夜间的质量控制文件是经处理后的 QC_Day 图层和 QC_Night 图层。

本研究使用 ENVI 5.3 对 MRT 数据转换处理得到的 tif 文件进行质量提取分析。将质量控制文件对应的十进制数值转换为二进制。将质量控制文件中出现的描述精度的数值转换为有官方对应质量控制表的二进制格式，其对应关系如表 3-4 所列。

表 3-4 MYD11A2 质量控制文件数值转换对应表

十进制	二进制	质量解释
0	00 00 00 00	LST produced, good quality, not necessary to examine more detailed QA
2	00 00 00 10	LST not produced due to cloud effects
17	00 01 00 01	LST produced、good data quality、average emissivity error <= 0.02、average LST error <= 1K
33	00 01 00 01	LST not produced due to cloud effects
49	00 11 00 01	LST produced、good data quality、average emissivity error > 0.04、average LST error <= 1K
65	01 00 00 01	LST produced、good data quality、average emissivity error <= 0.01、average LST error <= 2K
81	01 01 00 01	LST produced、good data quality、average emissivity error <= 0.02、average LST error <= 2K
97	01 10 00 01	LST produced、good data quality、average emissivity error <= 0.04、average LST error <= 2K
113	01 11 00 01	LST produced、good data quality、average emissivity error > 0.04、average LST error <= 2K
129	10 00 00 01	LST produced、good data quality、average emissivity error <= 0.01、average LST error <= 3K
145	10 01 00 01	LST produced、good data quality、average emissivity error <= 0.02、average LST error <= 3K
161	10 10 00 01	LST produced、good data quality、average emissivity error <= 0.04、average LST error <= 3K
177	10 11 00 01	LST produced、good data quality、average emissivity error > 0.04、average LST error <= 3K

本研究将质量控制文件中数值 0 对应的地表温度像元视为高质量像元，精度低于此种像元及没有数据的地表温度像元视为低质量像元。

3.2.2　低质量像元的时空变化

依据质量控制文件对 MYD11A2(白天及夜间)影像低质量像元的分布进行时空分析。将低质量像元所占整幅影像的百分比作为衡量影像质量的指标。对枯水期与丰水期两个时期,分别进行白天与夜间两个时间序列低质量像元所占比例变化规律的统计分析。为了分析低质量像元在空间的具体分布情况,在 ArcGIS 软件中对低质量像元赋值为 1,高质量像元赋值为 0,然后将每年的枯水期白天、枯水期夜间、丰水期白天和丰水期夜间的影像分别相加,即得到某一时期各个像元处的低质量像元累计数 n,利用式(3-6),即得到某一时期各个像元处的某种质量类型的像元比例。

$$p = n/N \tag{3-6}$$

式中　p——每个像元位置的某种质量类型的像元所占的比例;

n——不同时期每个像元位置的某种质量类型的像元的总数;

N——对应时期每个像元位置的像元的总数。

不同时期低质量像元占比的分布结果如图 3-2、图 3-3,以及表 3-5、表 3-6 所示。

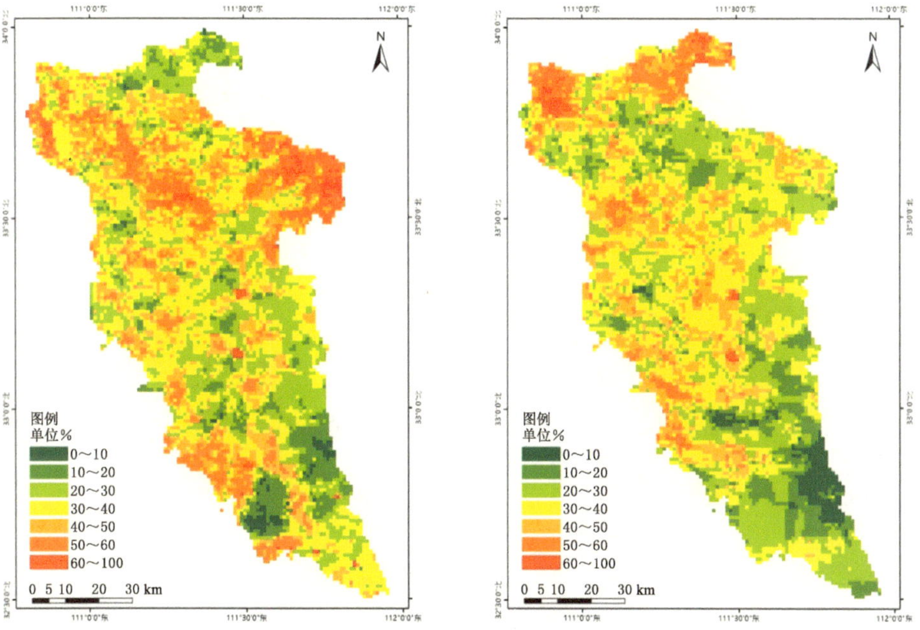

(a) 丰水期白天　　(b) 丰水期夜间

图 3-2　2004 年不同时期地表温度图像低质量像元占比图

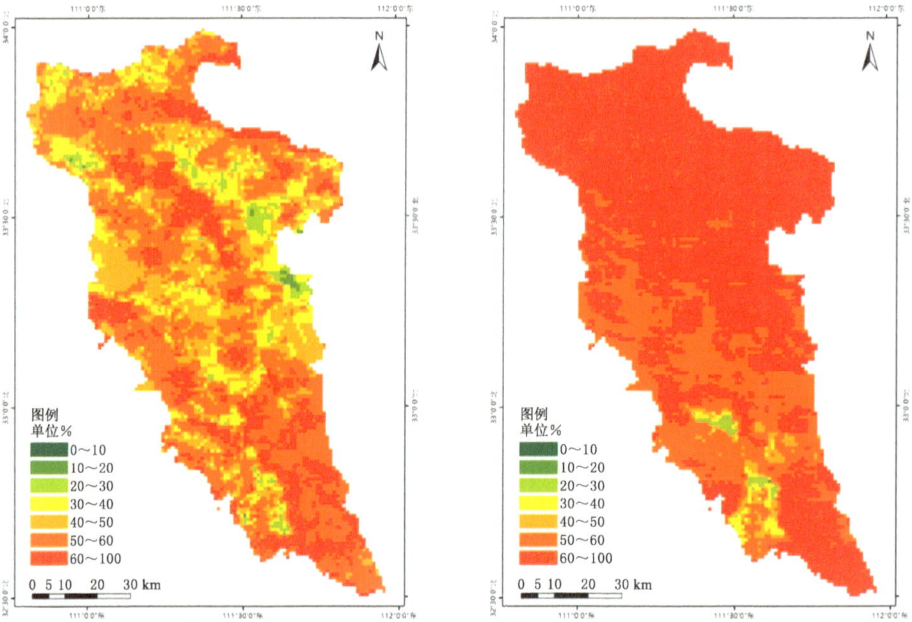

（c）枯水期白天　　（d）枯水期夜间

图 3-2 （续）

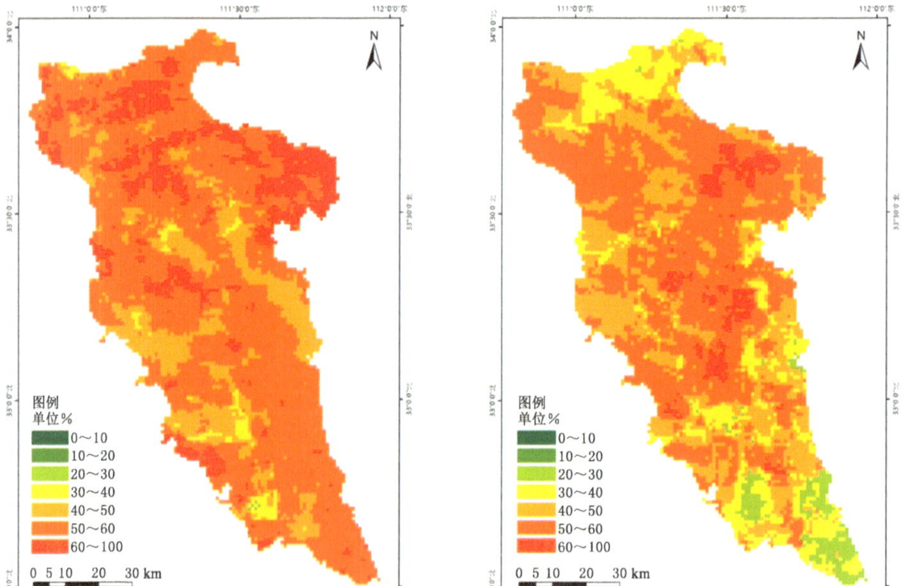

（a）丰水期白天　　（b）丰水期夜间

图 3-3 2020 年不同时期地表温度图像的低质量像元占比图

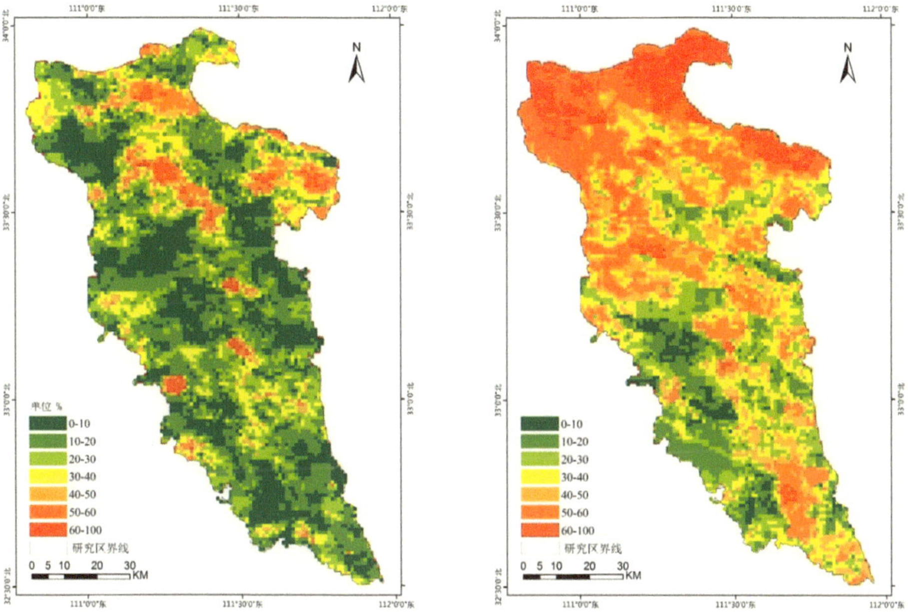

（c）枯水期白天　　（d）枯水期夜间

图 3-3 （续）

表 3-5　2004 年不同时期地表温度图像低质量像元占比表

低质量像元所占的比例/%	时期			
	白天		夜间	
	丰水期	枯水期	丰水期	枯水期
0～10	1.17	0.00	3.09	0.00
10～20	7.93	0.27	9.95	0.01
20～30	22.86	2.77	29.01	0.65
30～40	30.47	11.90	31.09	1.08
40～50	21.60	24.55	18.69	1.99
50～60	14.69	43.38	7.24	25.57
60～100	1.28	17.13	0.93	70.70

表 3-6　2020 年不同时期地表温度图像低质量像元占比表

低质量像元所占的比例/%	时期			
	白天		夜间	
	丰水期	枯水期	丰水期	枯水期
0～10	0.00	25.32	0.00	3.10
10～20	0.00	30.46	0.00	11.00
20～30	0.06	19.17	3.98	15.38
30～40	1.97	11.95	14.12	17.45
40～50	17.48	5.55	30.45	17.73
50～60	63.61	5.71	46.78	25.65
60～100	16.88	1.84	4.67	9.69

从图 3-2 及表 3-5 中分析得到 2004 年不同时期地表温度图像低质量像元占比的分布规律。白天丰水期低质量像元所占比例主要集中在 30%～40%附近，白天枯水期低质量像元所占比例主要集中在 50%～60%附近。夜间丰水期低质量像元所占比例主要集中在 20%～40%附近，夜间枯水期低质量像元所占比例主要集中在 60%～100%附近。丰水期的低质量像元占比较枯水期明显偏低。丰水期夜间低质量像元占比略低于白天，以 30%～40%的低质量像元占比的区域为主均匀分布于研究区，低质量像元的高占比区域集中分布于北部高海拔地区和丹江口水库周边区域。南部丹江口水库及其西北侧附近的区域低质量像元明显少于周边地区，说明湖泊水面对空气能见度有一定的影响。湖泊水面表面温度与周边不同，会造成大气压强相对于周边区域的不同，大气产生下沉运动距平，进一步影响区域大气水汽通量和降水量，总云量变化也与大气水汽通量和降水量有着相同的变化特征[94]。枯水期夜间低质量像元占比白天明显高，夜间与白天的低质量像元占比明显不同。枯水期以 50%～60%的低质量像元占比的区域为主，较均匀分布于研究区，中部的部分区域低质量像元占比较低，北部研究区边界部分偶尔会出现低质量像元占比较高的情况，同样南部丹江口水库及其周边的部分区域低质量像元明显少于周边地区，说明湖泊水面对空气能见度有一定正面的影响，且这种影响在白天更加明显。在各个时期的中部、南部的低海拔平原地区及北部的高海拔部分地区，其边界处的部分区域低质量像元占比有所减少，证明地形对能见度造成了一定影响。

从图 3-3 及表 3-6 中分析得到 2020 年不同时期地表温度图像低质量像元

占比的分布规律。白天丰水期低质量像元所占比例主要集中在 50%～60%，白天枯水期低质量像元所占比例主要集中在 0%～20%。夜间丰水期低质量像元所占比例主要集中在 40%～60%，夜间枯水期低质量像元所占比例较为均匀地分布在 10%～60%。丰水期的低质量像元占比较枯水期明显偏高。丰水期白天低质量像元占比较夜间略有升高，以 50%～60%的低质量像元占比的区域为主均匀分布于研究区，低质量像元的高占比区域均匀分布于北部高海拔地区，南部丹江口水库东部平原地区低质量像元占比较北部高海拔地区偏低，同时高海拔地区与低海拔地区边界处的部分区域低质量像元占比有所减少，地形对能见度造成了一定影响。南部丹江口水库及其东侧附近的区域低质量像元明显少于周边地区，说明湖泊水面对空气能见度有一定的影响。枯水期白天和夜间存在不同的分布效应，白天低质量像元占比较夜间明显偏低，低质量像元以 10%～20%为主均匀分布于研究区，北部研究区边界部分偶尔会出现低质量像元占比较高的情况，夜间南部丹江口水库及其东侧附近的区域低质量像元同样明显少于周边地区，说明湖泊水面对空气能见度有一定的影响，且这种影响在夜间更加明显，北部研究区边界低质量像元占比较高的区域比较多。

在各个时期的中部及南部的低海拔平原地区及北部的高海拔部分地区，其边界处的部分区域低质量像元占比有所减少，证明地形对能见度造成了一定的影响，丹江口水库及其东侧附近的区域低质量像元同样明显少于周边地区，说明湖泊水面对空气能见度有一定正面的影响。

2004 年与 2020 年低质量影像分布存在部分相似的分布规律，但是也存在巨大的差别。总体来说丰水期的云量变化符合中国夏季云量总体增长的趋势，枯水期的云量减少变化较为明显。除了南水北调中线工程修建的影响，更多由于不同年度的气候状况的差异较大及其他各种原因造成的长时间气候事件对影像造成重要的影响。河南省气象局对 2004 年天气气候状况进行了回顾和总结，向公众发布了 2004 年年度十大天气气候事件(表 3-7)。2004 年河南出现多场大风、暴雨等极端天气，对低质量影像的特征产生了不同的影响，由此造成了与 2020 年有较大的差异，证明了低质量像元分布及占比受地区气候事件影响明显，不同年度影像质量不同，在影像低质量像元变化差异较为明显的情况下，不同年度相同时期的影像质量较为多变，且与区域地形、地貌有着较大的关系。在长时间气候影响下甚至可能造成影像的长时序缺失情况，按照已有的温度插值方法，很难在保证数据精度的情况下对质量低、时序长的序列影像进行插值。因此，进行多年度综合地表温度插值方法的研究十分必要。

表 3-7　2004 年年度十大天气气候事件

序号	事件概况
1	持续暖冬。2003 年 12 月至 2004 年 2 月，全省平均气温比常年同期偏高 1.7 ℃，是 1961 年以来的第三个最暖的冬天，偏暖程度仅次于 1999 年冬季和 2002 年冬季
2	春季阶段性干旱。入春至 4 月下旬前期，全省持续少雨。3 月 1 日至 4 月 24 日，全省绝大部分地区较常年同期降雨减少到五成甚至九成以上
3	三月倒春寒。3 月 17 日—18 日，河南出现大范围寒潮天气过程，48 h 降温最大值为 16.8 ℃，对正值拔节期的冬小麦造成极为不利影响
4	局地强风暴。6 月 16 日 18 时—22 时，河南北中部地区遭受雷雨大风、冰雹的袭击。6 月 26 日 14 时 57 分，睢县出现风速达 35.1 m/s(风力 12 级)的强风暴，创河南近 20 多年来平原地区风速最大值纪录
5	新乡冰雹。5 月 21 日 20 时—21 时，新乡市 6 县(市)相继遭受大风冰雹灾害。冰雹最大直径 2 cm，瞬间最大风力达 9 级到 10 级
6	郑州局部地区狂风暴雨。6 月 24 日 17 时 05 分，郑州瞬时最大风速达 26 m/s，突破历史极值；17 时 14 分开始到 17 时 49 分，降水达 45.1 mm
7	澧河特大暴雨。7 月 16 日—17 日，漯河、平顶山、南阳、周口等地出现特大暴雨。受暴雨影响，干江河、澧河出现了近 30 年一遇的大洪水，列中华人民共和国成立以来第三位
8	台风暴雨。8 月 14 日—15 日，受 14 号台风“云娜”影响，黄河以南普降中到大雨，暴雨中心商城县日降水量达 259.6 mm，是中华人民共和国成立以来的降雨极值
9	冬季大雾。11 月 30 日早晨，河南北中部大雾弥漫，能见度在 1 km 以下，有些地区甚至不到 100 m，影响了正常的交通、运输。省气象台在 11 月 30 日 8 时 30 分首次发布大雾橙色预警
10	冬季暴雪。12 月 20 日夜—22 日，河南出现大范围降雪天气，从降雪量看，这次过程居 1986 年以来同期降雪第三位

3.2.3　高质量像元的时空变化

将高质量像元占整幅影像的百分比作为衡量影像质量的指标。从枯水期与丰水期两个时期，分别进行白天与夜间两个时间序列的统计，得到丰水期 MYD11A2(白天)A、丰水期 MYD11A2(夜间)B、枯水期 MYD11A2(白天)C、枯水期 MYD11A2(夜间)D 的高质量像元所占比例变化规律。

为了分析高质量像元在空间的分布情况，对低质量像元赋值为 0，高质量像元赋值为 1，然后将某年枯水期和丰水期的影像分别相加，即得到某一时期各个像元处的高质量像元累计数 n，然后利用式(3-6)，即得到某年的丰水期和枯水期内每个像元位置的高质量像元占比的分布结果如图 3-4、图 3-5，以及表 3-8、表 3-9 所示。

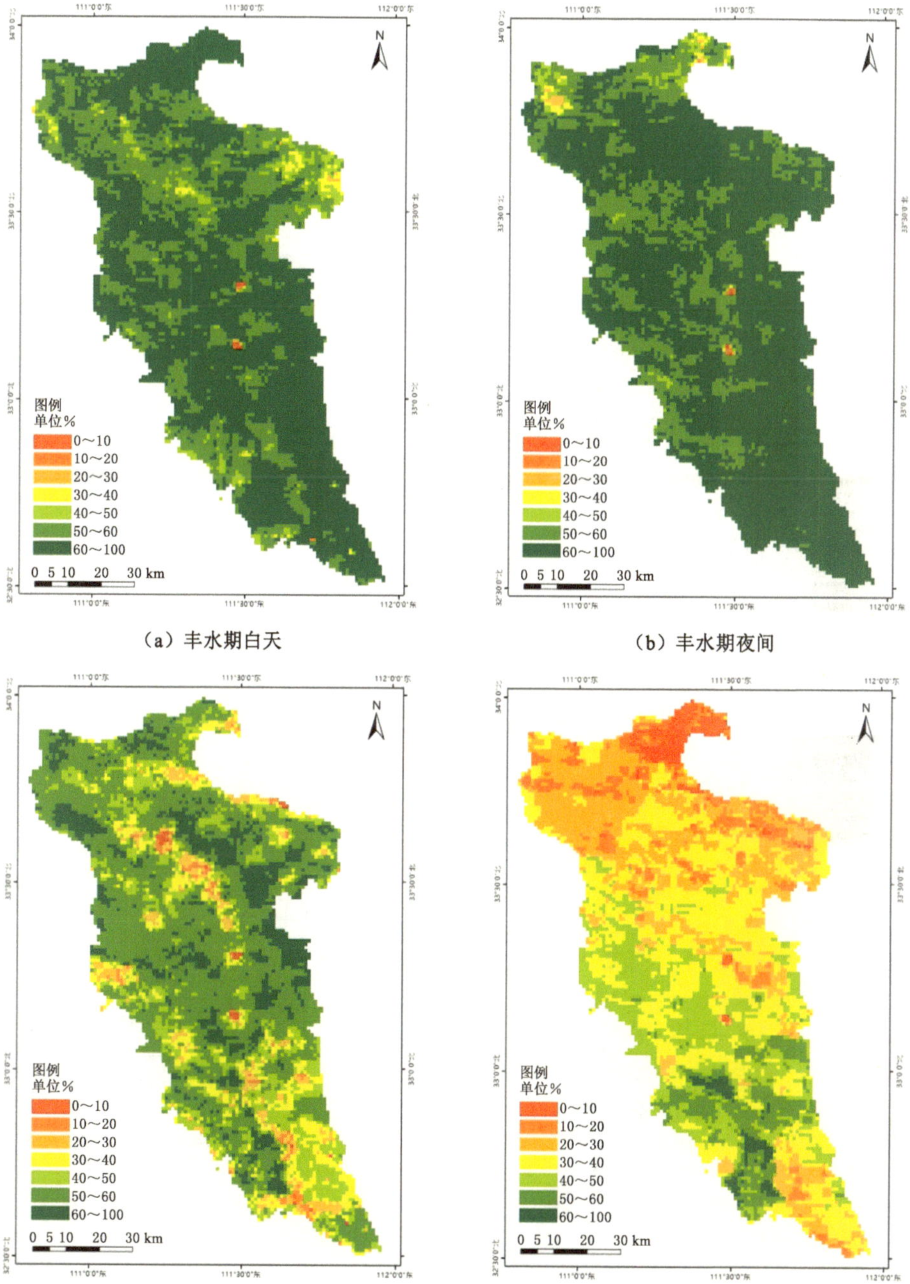

(a) 丰水期白天

(b) 丰水期夜间

(c) 枯水期白天

(d) 枯水期夜间

图 3-4 2004 年不同时期地表温度图像高质量像元占比图

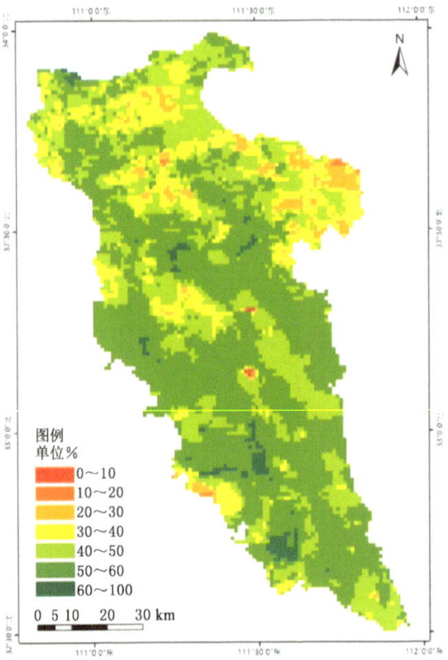

（a）丰水期白天

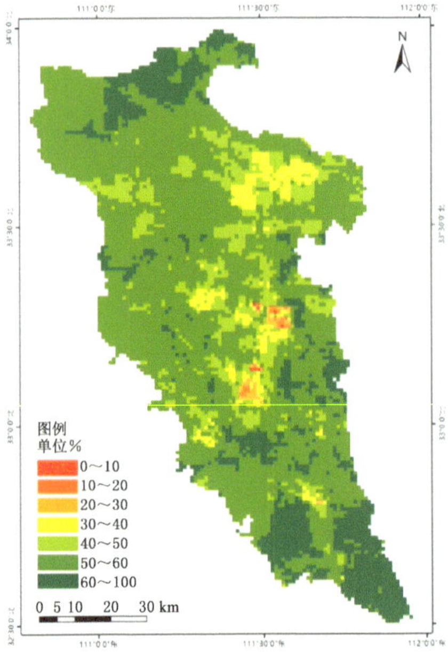

（b）丰水期夜间

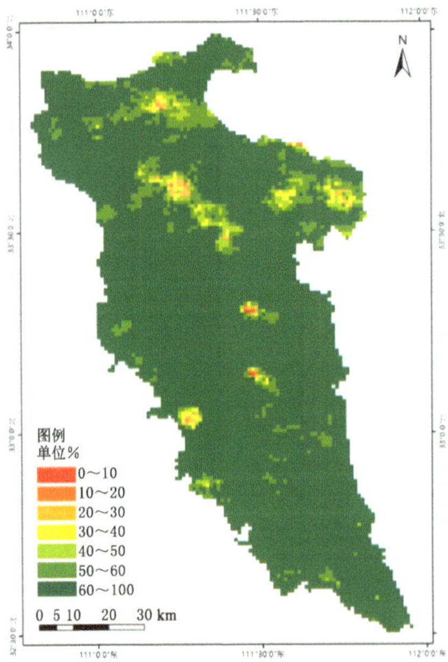

（c）枯水期白天

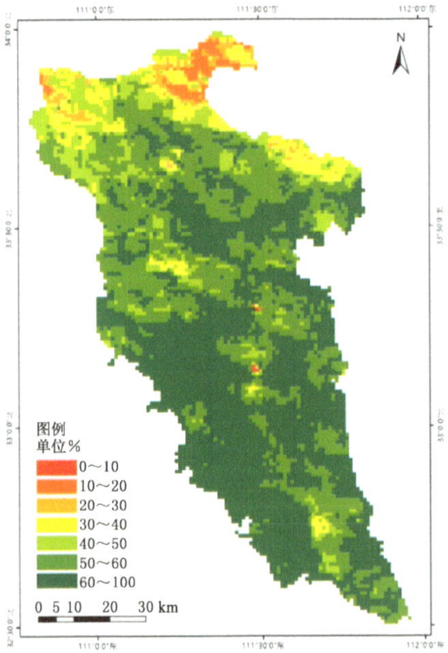

（d）枯水期夜间

图 3-5　2020 年不同时期地表温度图像高质量像元占比图

表 3-8　2004 年不同时期地表温图像度高质量像元占比表

高质量像元所占的比例/%	时期			
	白天		夜间	
	丰水期	枯水期	丰水期	枯水期
0～10	0.12	0.35	0.05	3.11
10～20	0.06	1.32	0.08	8.20
20～30	0.14	4.95	0.27	26.20
30～40	0.97	10.50	0.53	33.18
40～50	4.29	19.02	1.78	20.00
50～60	32.00	48.90	24.15	7.56
60～100	62.42	14.95	73.14	1.74

表 3-9　2020 年不同时期地表温度图像高质量像元占比表

高质量像元所占的比例/%	时期			
	白天		夜间	
	丰水期	枯水期	丰水期	枯水期
0～10	0.06	0.06	0.08	0.05
10～20	0.23	0.14	0.26	1.54
20～30	3.50	0.51	0.49	1.98
30～40	13.09	1.13	3.84	6.12
40～50	30.70	2.29	14.38	10.38
50～60	50.39	8.97	62.85	33.00
60～100	2.03	86.90	18.10	46.92

由图 3-4 及表 3-8 分析得到 2004 年不同时期地表温度图像高质量像元占比的分布规律。白天丰水期高质量像元所占比例主要集中在 60%～100%附近，白天枯水期高质量像元所占比例主要集中在 50%～60%附近。夜间丰水期高质量像元所占比例主要集中在 60%～100%附近，夜间枯水期高质量像元所占比例主要集中在 20%～40%附近。丰水期的高质量像元占比较枯水期明显偏高。丰水期夜间高质量像元占比较白天略高，夜间与白天的高质量像元占比基本相似。白天丰水期中北部部分区域高质量像元占比较低，夜间丰水期北部研究区边界部分偶尔会出现高质量像元占比较低的情况。高海拔地区的白天和夜间高质量数据变化较为明显，高海拔地区与丹江口水库及其附近区域相较周边

地区的影像质量在白天与夜间常有着更高的高质量像元占比。枯水期夜间高质量像元占比较白天明显偏低,以 60%～100%的高质量像元占比的区域为主均匀分布于研究区,高质量像元的高占比区域集中分布于北部高海拔地区,高质量像元低占比区域零散分布于南部低海拔平原及北部的低海拔河谷附近。枯水期夜间与白天的高质量像元占比分布特征稍有不同,中部及部分北部高海拔区域在夜间的影像质量比周边环境更差。南部丹江口水库及其东侧附近的区域高质量像元明显多于周边地区,说明湖泊水面对空气能见度有一定正面的影响。

从图 3-5 及表 3-9 中分析得到 2020 年不同时期地表温度图像高质量像元占比的分布规律。白天丰水期高质量像元所占比例主要集中在 40%～60%附近,白天枯水期高质量像元所占比例主要集中在 60%～100%附近。夜间丰水期高质量像元所占比例主要集中在 50%～60%附近,夜间枯水期高质量像元所占比例主要集中在 50%～60%附近。丰水期的高质量像元占比较枯水期明显偏低。丰水期夜间与白天的高质量像元占比分布特征稍有不同,中部及北部高海拔区域的部分地区在夜间的影像质量比周边环境更差。南部丹江口水库及其东侧附近的区域高质量像元明显多于周边地区,说明湖泊水面对空气能见度有一定正面的影响。丰水期夜间高质量像元占比较白天略高,夜间与白天的低质量像元占比明显不同。夜间丰水期北部部分区域高质量像元占比较低,夜间枯水期北部研究区边界部分偶尔会出现高质量像元占比较低的情况。高海拔地区的白天和夜间高质量数据变化较为明显,高海拔地区相较周边地区在丰水期白天比夜间有着更低的高质量像元占比,在枯水期白天比夜间有着更高的高质量像元占比。枯水期夜间高质量像元占比明显低于白天,以 60%～100%的高质量像元占比的区域为主均匀分布于研究区,高质量像元的低占比区域集中分布于北部高海拔地区,高质量像元高占比区域零散分布于南部低海拔平原及北部的低海拔河谷附近。

以上的图和数据,说明丹江流域(河南段)2004 年前后和 2020 年前后的地表温度数据质量受云影响而整体较差。在进行地表温度数据质量检查时,发现时常出现研究区内像元大量空白的现象,在长时间气候事件的影响下甚至可能造成影像的长时序缺失,这将给地表温度的重建带来巨大的挑战。按照已有的温度插值方法,很难在保证数据精度的情况下对质量低时序长的序列影像进行插值。因此,进行多年度综合地表温度插值方法的研究十分必要。

3.2.4 高质量像元的提取

考虑研究数据精度要求,权衡图像质量和缺失图像对地表温度重建的影响,经过反复对比,最终确定可用性描述标识 QC<63 的像元作为研究所使用的数

据。利用 Python 编程,读取 QC_Day 的 tif 文件将质量合格的像素点做掩膜进行 LST_Day 的提取,按照质量控制文件剔除每幅影像质量不合格的像素点,按照同样的处理步骤得到 LST_Night。

3.3 MODIS 地表温度重建

本节在 3.2 节对地表温度数据质量分析的基础上,采用 DEM-IMA 算法,分别对 MYD11A2 白天和 MYD11A2 夜间的 2 个时间序列的地表温度数据进行重建。本节主要介绍温度重建过程与温度重建后的结果验证。

3.3.1 地表温度重建的目的

地表温度重建的主要目的是为了解决地表温度数据缺失问题,提高数据的完整性和准确性,从而更好地理解气候变化和地球系统能量平衡。

3.3.2 基于 DEM 改进的 IMA 算法

利用 MODIS LST 估算地表气温的相关研究证明,地表气温和高程存在某种线性关系,当高程升高时地表温度随之降低。在传统空间温度插值中,利用气象站点观测温度数据对某个区域进行气温空间插值时,气温垂直递减率对插值精度有重要的影响。研究区南北高程相差大,地形复杂,气温垂直变化显著,在进行地表温度重建的过程中,考虑高程变化对提高空间插值精度与正确解释地表温度的空间变化过程有着重要意义。在进行气温垂直递减率修正的同时,利用目标图像邻域来捕获近距离图像之间的时间依赖性,以此提高地表温度重建的精度。利用建立的时空特征相似的邻域数据集,计算换算为大地水准面上的地表温度平均异常。利用薄样板条(TPS)对研究区域内的原始分辨率的平均异常进行插值计算,将补足空白处的平均异常结果添加到平均图像,经换算得到正常高程位置的地表温度数据。

算法执行主要分三个步骤:根据 DEM 高程数据与气温垂直递减率,将有值点的正常高程地表温度换算到大地水准面地表温度;使用平均异常插值(IMA)对大地水准面地表温度进行空间插值;将大地水准面地表温度插值后的完整地表温度数据结果,利用高程数据与气温垂直递减率,反算得到正常高程的地表温度重建结果。高程与地表温度的正反算修正公式见式(3-7),将气象站点所在位置的高程通过 ArcGIS 提取并与多年气象站点的观测气温之间建立一元线性回归模型进行验证,综合以往的研究成果,判定气温的垂直递减率定为 0.65 ℃/100 m。

$$\begin{cases} T_{\text{sealevel}} = T_{\text{MODLST}} - a \times H_1/100 \\ T_{\text{result}} = T_{\text{Interpolation}} + a \times H_2/100 \end{cases} \tag{3-7}$$

式中 T_{sealevel}——MYD11A2 温度产品有值像元转换到大地水准面的地表温度/℃；

T_{MODLST}——MYD11A2 温度产品的温度值；

a——温度垂直递减率(本研究选取 $a=0.65$)；

H_1——MYD11A2 温度产品有值点的高程，m；

H_2——研究区范围内每个像素点的高程数据，m；

$T_{\text{Interpolation}}$——T_{sealevel}经过 IMA 的空间插值结果；

T_{result}——$T_{\text{Interpolation}}$空间插值结果由大地水准面转换到实际高程的基于 DEM 修正空间插值(IMA)结果。

平均异常插值(IMA)是一种填充异常值的方法。该方法主要思路是利用与目标图像具有相似特征的时间邻近的同一位置的不同影像作为邻域，在考虑平均异常值的理念作为前提，利用二元薄样板插值法对异常值进行插值，从而得到纠正的影像值[85]。

定义图像由矩阵表示：

$$\bar{z}_{st_0} = \{\bar{z}_{s_i t_0} \mid i = 1,\cdots,m\} \tag{3-8}$$

式中 $s_i \in s = (s_1,\cdots,s_m)$；

$m = 58\,302$——图像的总像素数，缺失像素也包含在内；

t_0——目标时间段。

该方法主要包括：

(1) 目标图像及前后一期影像作为时间基准，包括目标图像所在年及所在年的前一年和后一年在内的三年共计九张图作为目标图像的邻域。

$$\{z_{st_k} \mid t_k = 1,\cdots,T_0\} \tag{3-9}$$

在此以 2 004.073 为目标图像举例，时间序列是由 2003 年到 2005 年白天 LST 数据的 8 天合成图像组成的。

因此，目标图像的邻域包括这幅图像在内共有 $T_0=9$ 幅图像，由年份和儒略日识别的时间序列如下：

$I_1=2\,003.065, I_2=2\,003.073, I_3=2\,003.081, I_4=2\,004.065, I_5=2\,004.073,$
$I_6=2\,004.081, I_7=2\,005.065, I_8=2\,005.073,$ 和 $I_9=2\,005.081$

这个邻域的大小和维度可以根据可用性、卫星图像的质量和重复的云量来扩大，本研究根据影像的质量选定此范围作为邻域进行研究。

(2) 通过对邻域内对应像素有效值平均得到目标图像的平均图像。

$$\bar{z}_{st_0} = \{\bar{z}_{s_i t_0} \mid i = 1,\cdots,m\} \tag{3-10}$$

$$\bar{z}_{s_i t_0} = \sum_{t_k=1}^{T_0} z_{s_i t_k} / t' \tag{3-11}$$

式中　$Z_{s_i t_k}$ ——目标图像临近周期 t_k 的第 i 个观察像素；

t' ——对应像素点 s_i 的有效值周期数的总数。

(3) 利用目标图像减去平均图像来得到目标图像去平均图像。

$$w_{st_0} = z_{st_0} - \bar{z}_{st_0} \tag{3-12}$$

$$w_{st_j} = \{w_{s_i t_j} \mid i = 1, \cdots, m\} \tag{3-13}$$

$$w_{s_i t_0} = z_{s_i t_0} - \bar{z}_{s_i t_0} \qquad (i = 1, \cdots, m) \tag{3-14}$$

(4) 设置阈值来滤去平均值图像中的异常值。通过去除极值的上限和下限 5%来过滤异常目标，即分别为百分位数($p_{0.05}$)和($p_{0.95}$)。去除极端异常可以防止一些图像中仍然存在的失真数据。此步骤遵循以下表达式：

$$w'_{s_i t_0} = \begin{cases} w_{s_i t_0}, & \text{if} \quad p_{0.05}(w_{s_i t_0}) < (w_{s_i t_0}) < p_{0.95}(w_{s_i t_0}) \\ \text{non value}, & \text{otherwise} \end{cases} \tag{3-15}$$

对于 $i = 1, \cdots, m$ ，过滤目标异常值将目标图像中的最大像素总数从 $m = 22\ 320$ 减少到 $m' = 20\ 088$。根据输入图像的质量，根据经验法使用这两个百分位数为阈值。

(5) 在定义的窗口上对去平均值图像进行平均，得到平均异常。

$$w''_{st_0} = (w''_{s_1 t_0}, w''_{s_2 t_0}, \cdots, w''_{s_n t_0}) \tag{3-16}$$

MYD11A2 空间分辨率为 1 km^2 时，对第五步得到的目标图像的去异常值图像中，按 5×5 像素的窗口中对其内相邻像素进行平均。将同一窗口中非空异常的平均值分配给窗口的所有像素。除非同一窗口中的所有去平均值都有缺失数据，否则将减少缺失像素的数量。执行此步骤获得了三个好处：避免了近距离像素之间的突然变化；减少了空异常的数量；减少了使用 TPS 时要求解的方程的数量，实现了计算时间和预测误差之间的良好初衷。同时这种性质在对 NDVI 图像的数据重建中也有很大的意义，因为这些遥感数据对植被的微小变化、传感器校准和大气校正非常敏感，去除 NDVI 图像中近距离像素之间的突变尤为重要。根据图像分辨率和计算能力，也可以使用替代的收缩因子。考虑到温度变量的空间相关性约为 5 km^2，本研究选择了 5 作为因子。单幅影像平均异常定义为：

$$w''_{s_i t_0} = \sum_{s_i \in T_1} w'_{s_i t_0} / t'' \tag{3-17}$$

式中　$i = 1, \cdots, n$；

T_1——像素点 s_i 所在的 5×5 窗口，此步将目标图像中的 m_1 最大像素数减少到 $n = m/25 \approx 893$ 个像素；

t''——像素点 s_i 所在的对应 T_1 窗口内的有效值像素的总数。

(6) 对平均异常进行插值,选择二元薄板样条插值平均异常的目标图像,在 2D 空间插值中有着非常好的效果。薄板样条模型提供了异常 w''_{st0} 和平面坐标 (x_s, y_s) 之间的灵活关系。插值是通过以下公式求得:

$$\hat{w}''_{st_0} = \sum_{j=1}^{3} a_j p_j(s_i) + \sum_{i=1}^{n} b_i \varphi(d) \tag{3-18}$$

$$\varphi(d) = d^2 \log(d) \tag{3-19}$$

$$\begin{cases} p_1(s_i) = 1 \\ p_2(s_i) = x \\ p_3(s_i) = y \end{cases} \tag{3-20}$$

$$\begin{cases} \{a_j \mid j = 1,2,3\} \\ \{b_j \mid i = 1,2,3\} \end{cases} \tag{3-21}$$

通过求解 n 阶线性系统来估计。预测是在目标图像的 m 个像素上获得的。如今,这个过程以非常有效的方式在数学、遥感和统计软件中编程。使用已有 R 包,导出不确定性度量。

(7) 将插值添加到平均图像中,得到最终的预测图像。

$$\hat{z}_{st_0} = \bar{z}_{st_0} + \hat{w}''_{st_0} \tag{3-22}$$

通过改进的 IMA 算法进行地表温度重建,利用 2002—2006 年、2018—2022 年内的 1、2、3、7、8、9、10、11、12 月的 MYD11A2 地表温度数据重建 2003—2005 年、2019—2021 年内的 1、2、3、7、8、9、10、11、12 月结果。考虑时间尺度 8 天的温度数据进行地表温度重建需要的邻域图像,在所选的时间段前后额外取一个数据作为邻域的补充数据输入。以 2020 年数据为例解释温度重建的邻域搭建,如表 3-10 所示。枯水期与丰水期的边界数据,在进行地表温度重建时按照只要包含就进行重建的原则进行选择,以便接下来计算丰、枯水期及月度平均数据按照边界数据所占的天数进行加权平均。

表 3-10 2020 年数据温度重建的邻域搭建表

时期	图像获取的年份及儒略日													
2020 年枯水期邻域	2019 209	2019 217	2019 225	2019 233	2019 241	2019 249	2019 257	2019 265	2019 273	2019 281	2019 289	2019 297	2019 305	2019 313
	2020 209	2020 217	2020 225	2020 233	2020 241	2020 249	2020 257	2020 265	2020 273	2020 281	2020 289	2020 297	2020 305	20203 13
	2021 209	2021 217	2021 225	2021 233	2021 241	2021 249	2021 257	2021 265	2021 273	2021 281	2021 289	2021 297	2021 305	2021 313

表 3-10(续)

时期	图像获取的年份及儒略日													
2020 年丰水期邻域	2019 329	2019 337	2019 345	2019 353	2019 361	2020 001	2020 009	2020 017	2020 025	2020 033	2020 041	2020 049	2020 057	2020 065
	2020 329	2020 337	2020 345	2020 353	2020 361	2021 001	2021 009	2021 017	2021 025	2021 033	2021 041	2021 049	2021 057	2021 065
	2021 329	2021 337	2021 345	2021 353	2021 361	2022 001	2022 009	2022 017	2022 025	2022 033	2022 041	2022 049	2022 057	2022 065

因文章篇幅限制,只展示部分结果,如图 3-6 所示。

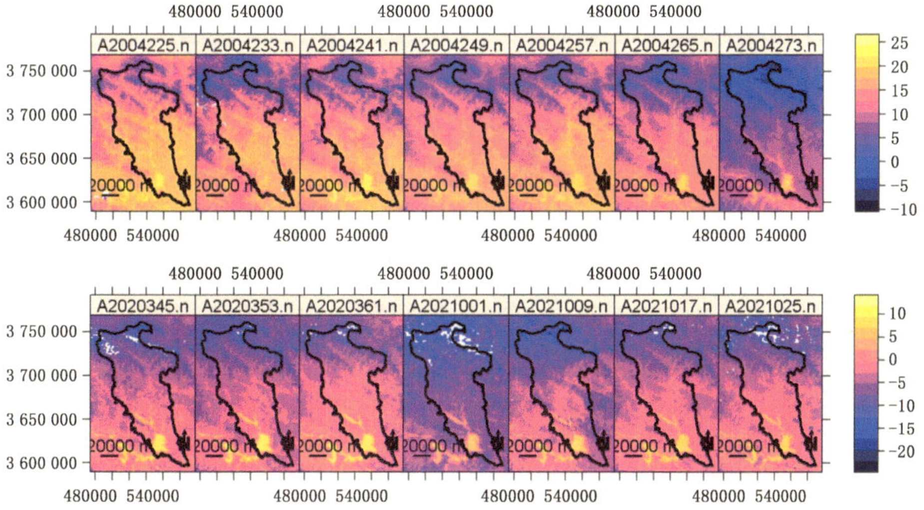

图 3-6　部分时期地表温度重建结果

对于结果仍有空缺值的数据,利用相邻时期的图像进行填补。

3.3.3　数据重建结果验证

(1) 气象站的每 8 日平均气温和重建的白天地表温度的相关性分析

本研究选取研究区范围内的 4 个气象站数据(2003—2005,2019—2021,每年的 1、2、3、7、8、9、10、11、12 月)中的气温数据,对重建的地表温度结果进行验证。

为了和 MYDIS11A2 的 8 日地表温度产品相对应,将气象站每日的平均气温以 8 天为周期进行平均,然后利用气象站点的位置提取不同时间节点的地表温度重建的结果，分别对每一个气象站点位置的气象站实测计算得到的每 8 日平均温度与地表温度重建的每 8 日平均温度结果进行相关性分析。

利用研究区范围内的 4 个气象站的坐标数据，提取每一期地表温度重建后的完整的地表温度数据，得到各期所对应的气象站温度数据。利用 SPSS 软件分析气象站实测数据的平均温度与日期对应的地表温度重建温度的相关性。

将所选取的 4 个气象站实测气温平均得到的每 8 日平均气温与重建后的白天地表温度进行相关性分析，结果如图 3-7、表 3-11 所示。

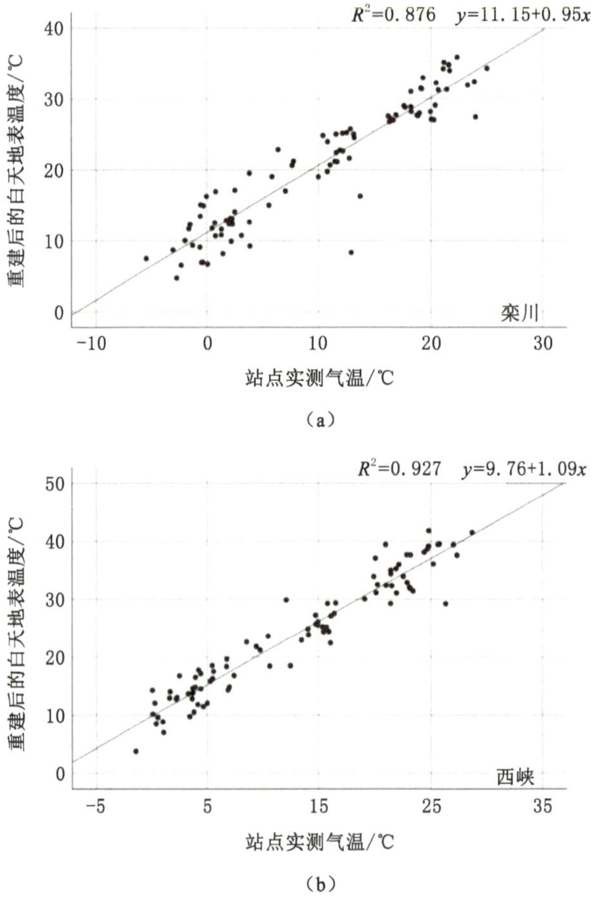

图 3-7　站点实测气温与重建后的白天地表温度散点图

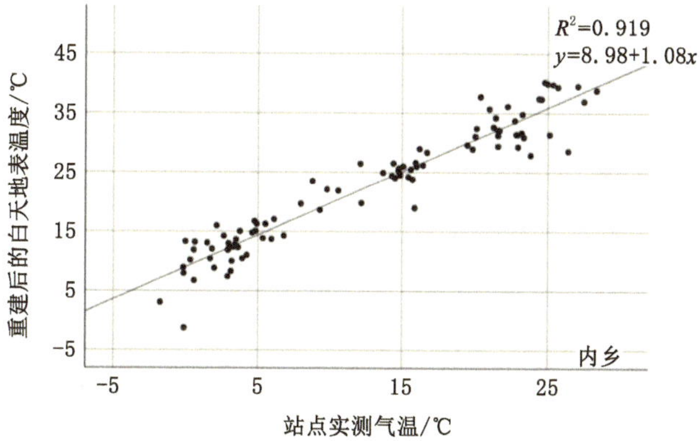

(c)

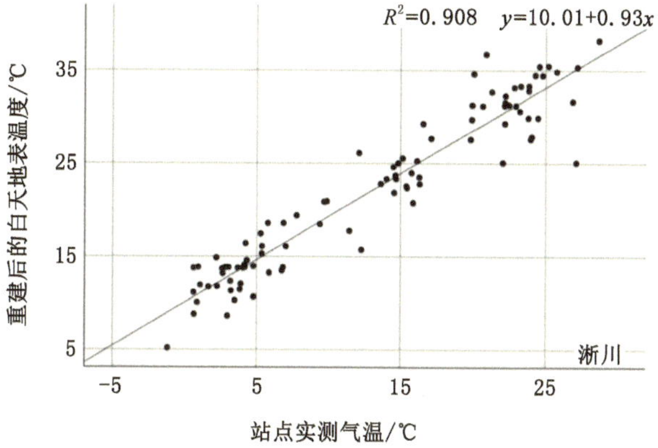

(d)

图 3-7 (续)

表 3-11　气象站实测温度与白天地表温度重建结果相关性

相关性(a)			
		重建后的白天地表温度	栾川站实测气温
重建后的白天地表温度	皮尔逊相关性	1	0.936＊＊
	Sig.(双尾)		0.000
	个案数	93	93
栾川站实测气温	皮尔逊相关性	0.936＊＊	1
	Sig.(双尾)	0.000	
	个案数	93	93

表 3-11(续)

相关性(b)			
		重建后的白天地表温度	西峡站实测气温
重建后的白天地表温度	皮尔逊相关性	1	0.963 * *
	Sig.(双尾)		0.000
	个案数	93	93
西峡站实测气温	皮尔逊相关性	0.963 * *	1
	Sig.(双尾)	0.000	
	个案数	93	93

相关性(c)			
		重建后的白天地表温度	内乡站实测气温
重建后的白天地表温度	皮尔逊相关性	1	0.959 * *
	Sig.(双尾)		0.000
	个案数	93	93
内乡站实测气温	皮尔逊相关性	0.959 * *	1
	Sig.(双尾)	0.000	
	个案数	93	93

相关性(d)			
		重建后的白天地表温度	淅川站实测气温
重建后的白天地表温度	皮尔逊相关性	1	0.953 * *
	Sig.(双尾)		0.000
	个案数	93	93
淅川站实测气温	皮尔逊相关性	0.953 * *	1
	Sig.(双尾)	0.000	
	个案数	93	93

注：* * 表示在 0.01 级别(双尾)，相关性显著。

如上所示，MYD11A2 的 8 日平均气温精度检验结果表明，所有站点都通过双尾显著性检测。所有气象站点的相关系数 R^2 均在 0.936 以上，R^2 最低的栾川站为 0.936，4 个地面观测站的平均相关系数为 0.953。MYD11A2 的 8 日地表温度产品由 MYD11A 每日地表温度数据产品平均而来，受制于卫星的观测次数有限，而气象站观测气温的频率高于 MODIS 数据。同时因为研究区范围内地形复杂，温度差异较大，地面观测站每 8 日的平均温度数据与 MYD11A2 地表温度数据之间存在着一定的误差。

(2) 气象站的每 8 日平均气温和重建的夜间地表温度的相关性分析

将所选取的 4 个气象站实测气温平均得到的每 8 日平均气温,将结果与重建后的夜间地表温度分别进行相关性分析,结果如图 3-8、表 3-12 所示。

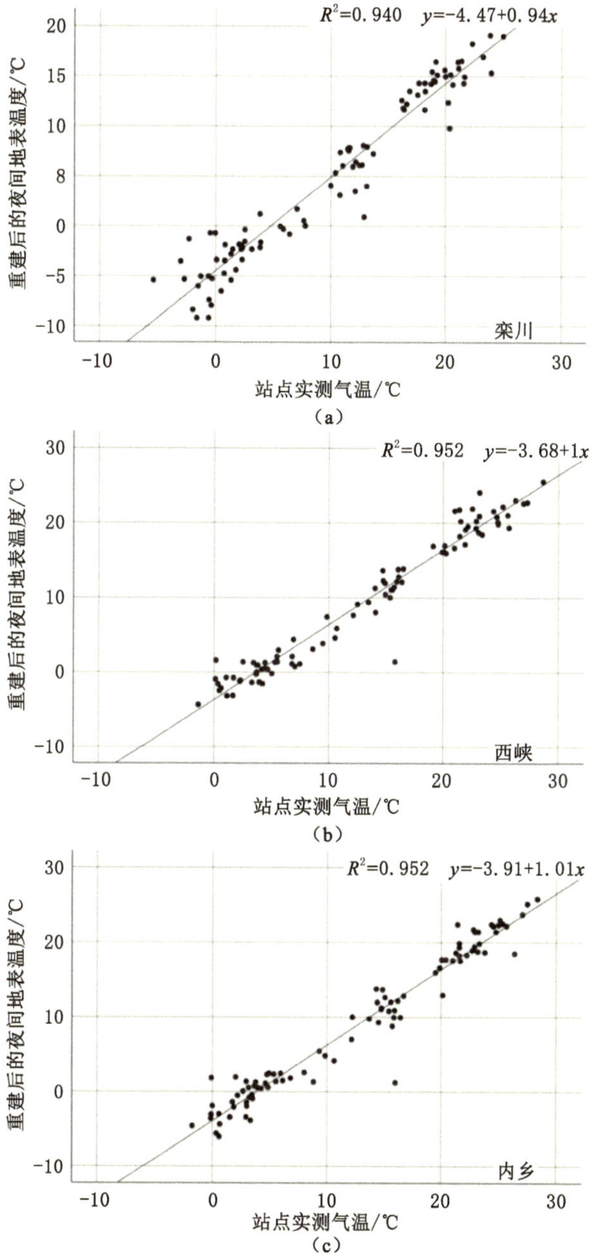

图 3-8　站点实测气温与重建后的夜间地表温度散点图

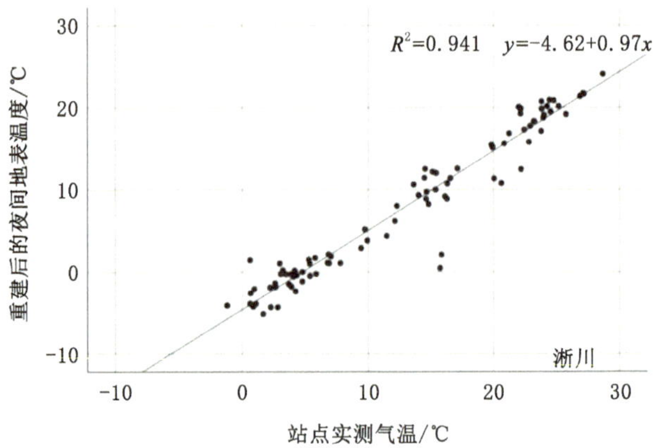

(d)

图 3-8 站点实测气温与重建后的夜间地表温度散点图

表 3-12 气象站实测温度与夜间地表温度重建结果相关性表

相关性(a)			
		重建后的夜间地表温度	栾川站实测气温
重建后的夜间地表温度	皮尔逊相关性	1	0.970＊＊
	Sig.(双尾)		0.000
	个案数	93	93
栾川站实测气温	皮尔逊相关性	0.970＊＊	1
	Sig.(双尾)	0.000	
	个案数	93	93

相关性(b)			
		重建后的夜间地表温度	西峡站实测气温
重建后的夜间地表温度	皮尔逊相关性	1	0.976＊＊
	Sig.(双尾)		0.000
	个案数	93	93
西峡站实测气温	皮尔逊相关性	0.976＊＊	1
	Sig.(双尾)	0.000	
	个案数	93	93

表 3-12(续)

相关性(c)			
		重建后的夜间地表温度	内乡站实测气温
重建后的夜间地表温度	皮尔逊相关性	1	0.976**
	Sig.(双尾)		0.000
	个案数	93	93
内乡站实测气温	皮尔逊相关性	0.976**	1
	Sig.(双尾)	0.000	
	个案数	93	93

相关性(d)			
		重建后的夜间地表温度	淅川站实测气温
重建后的夜间地表温度	皮尔逊相关性	1	0.970**
	Sig.(双尾)		0.000
	个案数	93	93
淅川站实测气温	皮尔逊相关性	0.970**	1
	Sig.(双尾)	0.000	
	个案数	93	93

注：** 表示在 0.01 级别(双尾),相关性显著。

如上所示,MYD11A2 的 8 日平均气温精度检验结果表明,所有站点都通过双尾显著性检测。所有气象站点的相关系数 R^2 均在 0.970 以上,其中西峡站、内乡站的 R^2 并列最高,为 0.976,4 个地面观测站的平均相关系数为 0.973。夜间地表温度重建精度高于白天。散点图结果显示地表温度重建结果与气象站点统计得到的气温的升降温变化趋势基本一致。

(3) Landsat 7 的临近日期数据和重建的地表温度的相关性分析

Landsat 7 的无云影像按照对应重建的地表温度时间范围进行筛选,探究整体温度的相关性,其结果如表 3-13、表 3-14 所列。LE07 代表 Landsat 7 数据经地表温度反演得到的温度数据,其后数字表示获取影像的时间按照年、月、日记录。M 代表重建的 MYD11A2 数据,其后数字表示获取影像的时间按照年份和当年的第几天记录,其后缀“-d”表示白天,“-n”表示夜间。首先分别随机选取 2004、2005、2020、2021 四年无云且获取时间包含在对应的 MYD13A2 重建温度时间序列年内的 Landsat 地表温度反演结果。对高分辨率的 Landsat 温度结果影像重采样,得到的分辨率与 MYD13A2 的 1 km 分辨率相同,且影像范围完全对应的升尺度影像。采用渔网平均提取不同影像各个采样点的地表温度,进行相关性分析，结果如表 3-13、表 3-14 所列。

表 3-13　Landsat 7 的无云影像与白天地表温度重建结果相关性表

相关性(a)			
		LE07_20040102	M2004001-d
LE07_20040102	皮尔逊相关性	1	0.554 * *
	Sig.(双尾)		0.000
	个案数	929	929
M2004001-d	皮尔逊相关性	0.554 * *	1
	Sig.(双尾)	0.000	
	个案数	929	929

相关性(b)			
		LE07_20050221	M2005049-d
LE07_20050221	皮尔逊相关性	1	0.530 * *
	Sig.(双尾)		0.000
	个案数	929	929
M2005049-d	皮尔逊相关性	0.530 * *	1
	Sig.(双尾)	0.000	
	个案数	929	929

相关性(c)			
		LE07_20201231	M2020361-d
LE07_20201231	皮尔逊相关性	1	0.794 * *
	Sig.(双尾)		0.000
	个案数	929	929
M2020361-d	皮尔逊相关性	0.794 * *	1
	Sig.(双尾)	0.000	
	个案数	929	929

相关性(d)			
		LE07_20211202	M2021345-d
LE07_20211202	皮尔逊相关性	1	0.757 * *
	Sig.(双尾)		0.000
	个案数	929	929
M2021345-d	皮尔逊相关性	0.757 * *	1
	Sig.(双尾)	0.000	
	个案数	929	929

表 3-14　Landsat 7 的无云影像与夜间地表温度重建结果相关性表

相关性(a)			
		LE07_20040102	M2004001-n
LE07_20040102	皮尔逊相关性	1	0.394 * *
	Sig.(双尾)		0.004
	个案数	929	929
M2004001-n	皮尔逊相关性	0.394 * *	1
	Sig.(双尾)	0.004	
	个案数	929	929
相关性(b)			
		LE07_20050221	M2005049-n
LE07_20050221	皮尔逊相关性	1	0.544 * *
	Sig.(双尾)		0.000
	个案数	929	929
M2005049-n	皮尔逊相关性	0.544 * *	1
	Sig.(双尾)	0.000	
	个案数	929	929
相关性(c)			
		LE07_20201231	M2020361-n
LE07_20201231	皮尔逊相关性	1	0.410 * *
	Sig.(双尾)		0.001
	个案数	929	929
M2020361-n	皮尔逊相关性	0.410 * *	1
	Sig.(双尾)	0.001	
	个案数	929	929
相关性(d)			
		LE07_20211202	M2021345-n
LE07_20211202	皮尔逊相关性	1	0.460 * *
	Sig.(双尾)		0.000
	个案数	929	929
M2021345-n	皮尔逊相关性	0.460 * *	1
	Sig.(双尾)	0.000	
	个案数	929	929

表 3-13、表 3-14 所列是所选取的 Landsat 7 的临近日期数据和重建的地表温度的相关性分析。白天之间存在相关性较强，重建后的 Landsat 7 与重建的地表温度的 R^2 都在 0.530 以上，其中以 2020 年 12 月 31 日的 R^2 最高，为 0.794；以 2005 年 2 月 21 日的 R^2 最低，为 0.530；平均 R^2 均在 0.530 以上。因此，Landsat 7 与 MODIS 地表温度数据整体趋势存在一致性，考虑到分辨率和温度反演方法的差别，存在着一定的误差，白天相关性更强。

3.4 本章小结

本章基于 Landsat 7 遥感影像，通过经典的大气辐射校正算法对研究区云量少、质量高的图像进行反演获得高分辨率的地表温度数据。基于 MODIS 遥感影像 MYD11A2 获取了研究区南水北调中线工程建设前、后以及丰水期和枯水期的地表温度数据。对每 8 日地表温度产品受云影响的程度及影响规律进行了研究，发现丹江流域(河南段)2004 年前后和 2020 年前后的地表温度数据质量受云影响而整体较差。在进行地表温度数据质量检查时，发现时常出现研究区内像元大量空白的现象，在长时间气候事件的影响下甚至可能造成影像的长时序缺失，这将给地表温度的重建带来巨大的挑战。按照已有的温度插值方法，很难在保证数据精度的情况下对质量低、时序长的序列影像进行插值。因此，进行多年度综合的地表温度插值方法的研究十分必要。

针对每 8 日地表温度产品数据缺失严重的情况，综合利用 DEM-IMA 方法、邻近时间的图像补足等方法，通过引入平均异常和气温垂直递减率的概念，得到重建的每 8 天地表温度数据。分析结果表明：

(1) 利用气象站的观测温度值对 MODIS 反演的地表温度重建，与得到的地表温度数据进行验证，其变化趋势具有较高的一致性。Landsat 7 与 MODIS 地表温度数据整体趋势存在一致性。

(2) 在各个时期的中部、南部的低海拔平原地区及北部的高海拔部分地区，其边界处的部分区域低质量像元占比有所减少，证明地形对能见度造成了一定的影响。湖泊水面对空气能见度有正面的影响，且这种影响在白天更加明显。

(3) 不同年度影像质量不同，在面对影像质量变化差异较为明显的情况下，不同年度相同时期的影像质量复杂多变。在长时期气候事件影响下甚至可能造成影像的长时序缺失情况，按照已有的温度插值方法，很难在保证数据精度的情况下对质量低、时序长的序列影像进行插值。

(4) 重建结果精度表明，重建效果较好，缺失数据基本恢复，整体精度较高，且夜晚精度高于白天。因为受阳光直射和地表覆盖类型的影响，白天的地表温度差异较夜间更大,夜间的各地物温度变化更加稳定和平缓。利用重建后的地表温度数据和气象站数据进行拟合。结果显示每 8 日平均气温的模拟结果 R^2 均在 0.936 以上。与 Landsat 7 反演的地表温度数据进行对比,发现整体趋势存在一致性。DEM-IMA 地表温度重建方法,提高了长时序影像缺失插值的可靠性,降低异常值出现概率,但在局部细节上偏差较大,存在过渡平滑、局部细节表现不足及极端值表现较差的缺点。总体来看,误差是可接受的,满足使用的精度要求。

第4章 丹江流域(河南段)地表植被覆盖度反演

4.1 地表植被覆盖度反演

4.1.1 Landsat 7 地表植被覆盖度提取

目前存在许多遥感测量植被覆盖度的方法,利用归一化植被指数(NDVI)测量植被覆盖度较为常用。本研究利用李苗苗[95]基于像元二分模型的改进模型,首先计算 Landsat 7 的 NDVI 数据,进而得到研究区的植被覆盖度数据。对进行影像预处理的 Landsat 7 数据的可见光波段及近红外波段进行辐射校正,辐射校正公式如下所示。

$$L_\lambda = \mathrm{DN} \cdot \mathrm{Gain} + \mathrm{Offset} \tag{4-1}$$

式中 L_λ——星上辐射亮度;

DN——获取的热红外波段原始像素值;

Gain(增益)、Offset(偏移)——在 ENVI 5.3 中查看影像波段的详细数据可以得到。

Landsat 7 多光谱波段的详细参数如表 4-1 所列。

表 4-1 Landsat 7 多光谱波段的详细参数

光谱	波长/μm	FWHM/μm	辐射定标 Gains/[W/(m² · sr · μm)]	辐射定标 Offsets/[W/(m² · sr · μm)]	辐照度/[W/(m² · μm)]
Band 1	0.483	0.07	0.778 74	−6.978 74	1 997
Band 2	0.560	0.08	0.798 82	−7.198 82	1 812
Band 3	0.662	0.06	0.621 65	−5.621 65	1 533

表 4-1(续)

光谱	波长 /μm	FWHM /μm	辐射定标 Gains /[W/(m² · sr · μm)]	辐射定标 Offsets /[W/(m² · sr · μm)]	辐照度 /[W/(m² · μm)]
Band 4	0.835	0.12	0.969 29	−6.069 29	1 039
Band 5	1.648	0.2	0.126 22	−1.126 22	230.8
Band 7	2.206	0.26	0.043 898	−0.393 9	84.9

将辐射校正之后的数据利用 Flash 大气校正工具进行校正。用大气校正之后的第四波段近红外波段(NIR)与第三波段红波段(RED)计算植被指数,具体公式如下所示。

$$NDVI=\frac{NIR-RED}{NIR+RED} \tag{4-2}$$

利用像元二分模型反演植被覆盖度,假设一个像元光谱信息由植被和非植被部分组成,其值由像元内的植被部分和裸土部分加权计算得出,由此反推像元中的植被占比来代表植被覆盖度。最终生成不同年份丹江流域(河南段)植被覆盖度的合成影像,像元二分模型公式如下所示:

$$VFC=\frac{NDVI-NDVI_{soil}}{NDVI_{veg}-NDVI_{soil}} \tag{4-3}$$

$$NDVI_{soil}=\frac{VFC_{max}\cdot NDVI_{min}-VFC_{min}\cdot NDVI_{max}}{VFC_{max}-VFC_{min}} \tag{4-4}$$

$$NDVI_{veg}=\frac{(1-VFC_{min})\cdot NDVI_{max}-(1-VFC_{max})\cdot NDVI_{min}}{VFC_{max}-VFC_{min}} \tag{4-5}$$

式中　$NDVI_{soil}$——无植被覆盖区域的拟定 NDVI 值;

$NDVI_{veg}$——完全被植被所覆盖的拟定 NDVI 值。

利用这个模型计算植被覆盖度的关键是计算 $NDVI_{soil}$ 和 $NDVI_{veg}$。研究区内可以近似取 $VFC_{max}=100\%$,$VFC_{min}=0\%$。式(4-3)可变为:

$$VFC=\frac{NDVI-NDVI_{min}}{NDVI_{max}-NDVI_{min}} \tag{4-6}$$

式中　$NDVI_{min}$——NDVI 的最小值;

$NDVI_{max}$——NDVI 的最大值。

由于不可避免存在噪声,$NDVI_{min}$ 和 $NDVI_{max}$ 取一定置信度范围内的最小值与最大值,根据文献[93]的方法计算发射率,认定植被指数 NDVI 大于 0.7 时为全植被覆盖,NDVI 小于 0.05 时为裸地。以 0.7 与 0.05 为阈值,大于 0.7 时,FVC 取值为 1,小于 0.05 时,FVC 取值为 0。

根据以上像元二分模型公式推导得到研究区植被覆盖度计算方法，按照类型进行分类，具体公式如下：

$$\begin{cases} F_{\text{water}} = 0 \\ F_{\text{vegetation}} = 1 \\ F_{\text{other}} = \dfrac{\text{NDVI} - \text{NDVI}_{\min}}{\text{NDVI}_{\max} - \text{NDVI}_{\min}} \end{cases} \tag{4-7}$$

通过 ENVI 5.3 中的 Band Math 工具输入转换为计算机语言的数学公式，具体如下。

$$(b_1 \text{gt} 0.7) \times (b_1 \text{lt} 0.05) \times 0 + \frac{(b_1 \text{ge} 0.05 \text{ and } b_1) \times (b_1 - 0.05)}{0.7 - 0.05} \tag{4-8}$$

式中　b_1——NDVI 的值。

根据式(4-8)的计算机处理结果，可得到 2003 与 2021 年度的植被覆盖度结果，如图 4-1 所示。将 Landsat 7 不同时期植被覆盖度的结果作为高分辨率的植被覆盖度数据，对后文植被覆盖度的分析起参考作用。

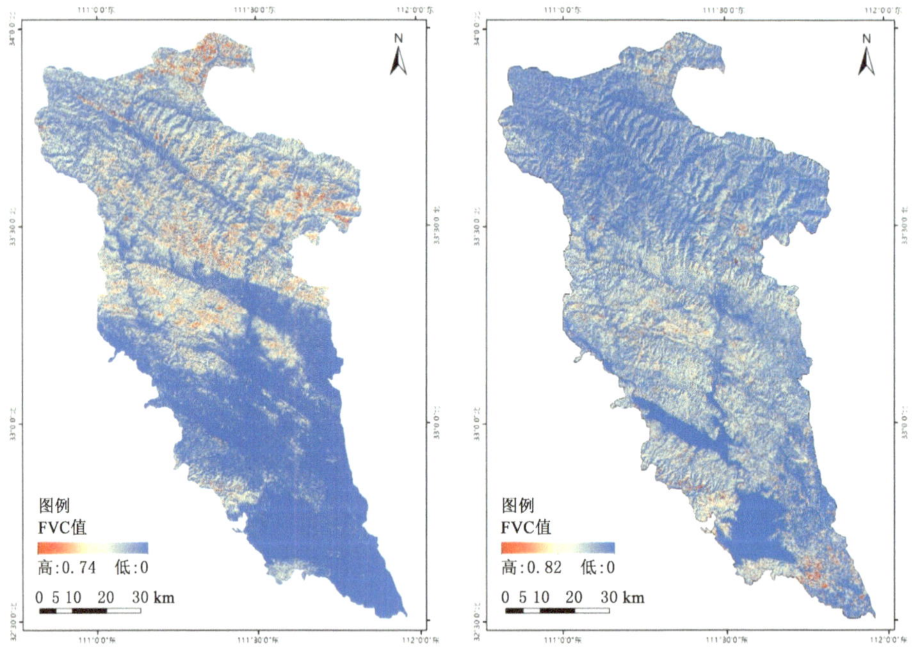

(a) 2003年11月15日　　(b) 2021年12月02日

图 4-1　Landsat 7 不同时期植被覆盖度反演图

4.1.2　MODIS 地表植被覆盖度反演

将预处理的 MYD13Q1 数据处理得到的 NDVI 数据，利用 ENVI 5.3 的波段运算功能按照像元二分模型计算得到 2003—2005 年、2019—2021 年丹江流域(河南段)植被覆盖度数据。通过 ArcGIS 的 Arc Map 像元统计工具(Cell Statistics)对研究区同年度 8—10 月份及 12—2 月份的各期 NDVI 数据，进行像元尺度 NDVI 不同时间序列的最大值合成，获取 2003—2005 年以及 2019—2021 年丹江流域(河南段)丰水期和枯水期的 NDVI 数据集。利用 NDVI 最大值合成可以减少受云等影响导致的影像数据错误[96]。

丰、枯水期数据最大值合成具体公式如下：

$$z_{\mathrm{NDVI}} = \mathrm{Max}(z_i) \tag{4-9}$$

式中　z_{NDVI}——丰或枯水期最大 NDVI 值合成结果；

z_i——丰、枯水期的时间范围内对应的每一期 NDVI 影像的矩阵。

通过计算可以得到对应丰、枯水期的 NDVI 数据，从而计算丰、枯水期的植被覆盖度数据，结果如图 4-2 所示。各个时间段植被覆盖度平均值如表 4-2 所列。

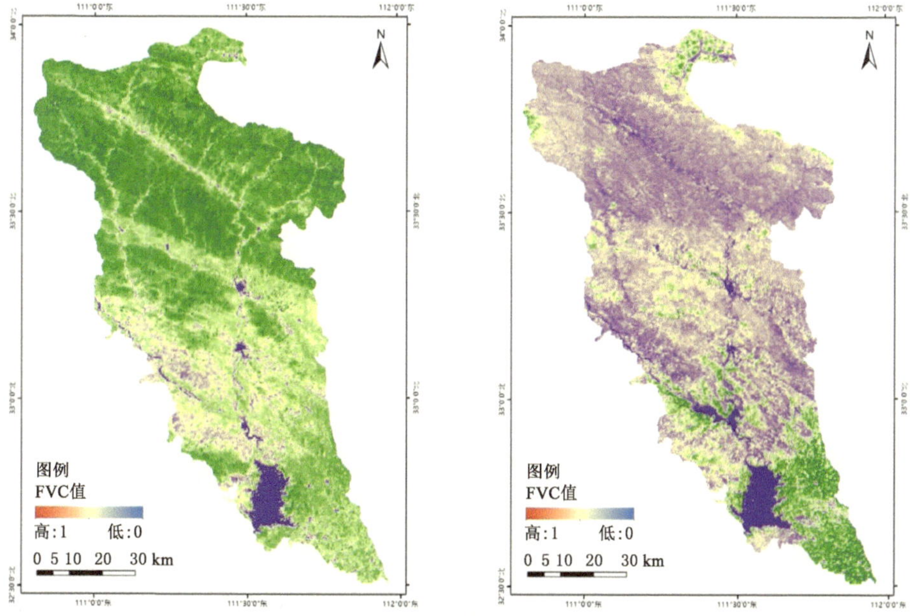

(a) 南水北调中线工程建设前的丰水期　　(b) 南水北调中线工程建设前的枯水期

图 4-2　各个时间段植被覆盖度分布图

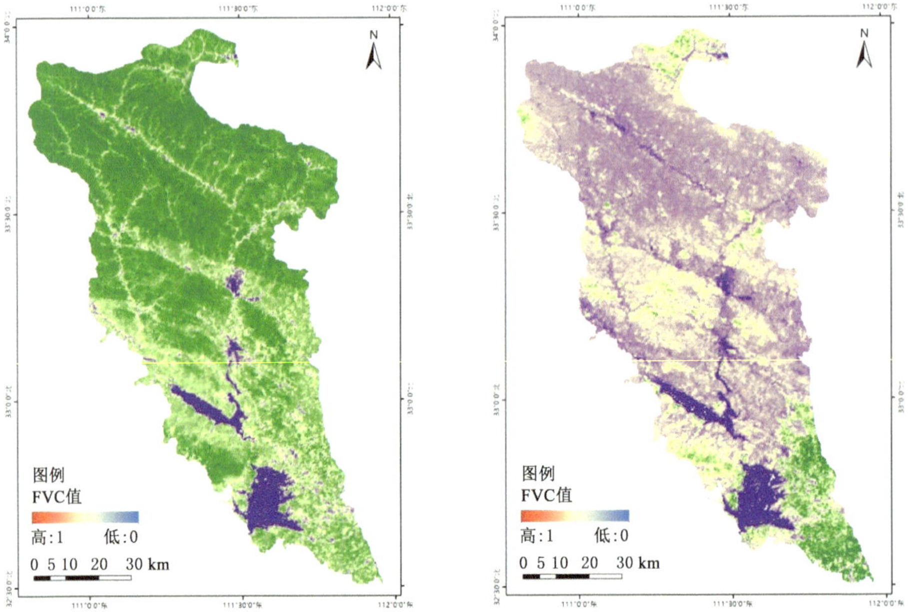

（c）南水北调中线工程建设后的丰水期　　（d）南水北调中线工程建设后的枯水期

图 4-2 （续）

表 4-2　各个时间段植被覆盖度平均值

时期		平均值/%
南水北调中线工程建设前	丰水期	78.42
	枯水期	39.82
南水北调中线工程建设后	丰水期	77.38
	枯水期	43.48

4.2 研究区南水北调中线工程建设前后土地利用情况

4.2.1 土地利用分类体系

根据研究区的实际情况以及研究目标，参照国家标准《土地利用现状分类》(GB/T 21010—2017)和刘纪远等[97]在“中国 20 世纪 LUCC 时空平台”中建立的土地利用状况分类体系，结合研究区 2004 年、2020 年的遥感影像数据以及丹江流域(河南段)的土地利用类型特点，将土地利用类型主要分为六类，即耕地、林地、草地、水域、建设用地和未利用土地，具体内容见表 4-3。

表 4-3　土地利用分类体系

一级类型		二级类型		
编号	名称	编号	名称	含义
1	耕地	11	农田	包括水田和旱地
		12	经果林	经济林地，一般为果园等可以产生经济效益的林地，形状比较规则
2	林地	21	密林	郁闭度＞70％
		22	有林地	郁闭度＞30％
		23	疏林地	郁闭度＞10％
		24	人工林	人工林，排列规则，一般用于防止水土流失等
3	草地	31	高覆盖度草地	指覆盖率大于 50％的天然草地、改良草地和砍伐草地。这种草地一般都有较好的水分条件，草密度大
		32	中覆盖度草地	天然草地和改良草地的覆盖率在 20％甚至 50％以上，普遍缺水，草被稀疏
		33	裸草地	指覆盖率在 5％～20％的天然草地。这类草地缺水、稀疏，畜牧业利用差
		34	干旱河谷灌草	水域周边的草地
4	水域	41	河流	指自然形成或人工开挖的常年低于地表水位的河流和主干渠。人工河道包括堤坝
		42	湖泊	指自然形成的积水区中常年水位以下的土地
		43	水库坑塘	指人工修建的蓄水区中常年水位以下的土地。指常年低于地表水位的人工蓄水区
5	建设用地	51	居民地	指县以上大中城市和建成区用地
		52	其他建设用地	指工矿、大型工业区、油田、盐田、采石场等土地和交通道路、机场及专用土地
6	未利用土地	61	裸土地	指土壤覆盖和植被覆盖率低于 5％的土地
		62	裸岩石质地	指地面为植被覆盖率小于 5％的岩石或砾石地
		63	滩涂	指河流干湿期之间的潮汐落差带

4.2.2 土地利用数据的提取

考虑到中等分辨率的影像因为分辨率不高，选择面向对象决策树分类法，但在初期是无法建立良好的决策树规则的。本研究的 Landsat 7 数据采用传统的监督分类，理论上有更好的分类效果。结合研究区实际情况，参照表 4-3 中的土地利用类型及含义，通过不同波段的组合增强目视解译的判断效果，对经过波段融合的 Landsat 7 影像选取各地类的典型样本作为训练集，利用监督分类中支持向量机分类法对遥感影像进行分类。根据不同土地利用类型在影像上反映的辐射亮度值和反射率信息作为解译依据，通过分析影像上地物的颜色、大小、纹理以及形状等信息，选取一定数量的、均衡分布在影像上的点作为训练样本(Region of Interest，ROI)，2004 年样体集为(水域 36、建设用地 40、裸地 20、林地 70、草地 33 和耕地 50，共 249)；2020 年样本集为(水域 55、建设用地 50、裸地 20、林地 70、草地 40 和耕地 70，共 305)，利用分类完成并添加标签的样本集，取自动识别分类。通过运用 ENVI 5.3 中的可分离性(Compute ROI Separability)工具获取样本可分离性报告。从图 4-3 可以看出 ROI 可分离性均大于 1.8，样本质量比较高。然后对研究区 2004 年、2020 年的遥感影像数据进行分类，为了保证分类结果的真实性、准确性，运用聚类分析、Majority 和 Minority 分析对小斑块进行分类后处理，获取研究区土地利用分类结果图。

分离度（至少大多数）:	分离度（至少大多数）:
耕地 and 草地 - 1.84879582	草地 and 未利用土地 - 1.87255124
草地 and 未利用土地 - 1.89865560	耕地 and 草地 - 1.89245573
耕地 and 未利用土地 - 1.96326024	林地 and 草地 - 1.96884536
林地 and 未利用土地 - 1.98674246	耕地 and 未利用土地 - 1.97003400
耕地 and 建设用地 - 1.99044963	林地 and 未利用土地 - 1.97691288
林地 and 草地 - 1.99743043	耕地 and 建设用地 - 1.99706214
林地 and 建设用地 - 1.99882767	林地 and 建设用地 - 1.99878744
水域 and 建设用地 - 1.99939662	耕地 and 林地 - 1.99946479
草地 and 建设用地 - 1.99976375	水域 and 建设用地 - 1.99952023
建设用地 and 未利用土地 - 1.99990881	建设用地 and 未利用土地 - 1.99991248
耕地 and 林地 - 1.99991197	草地 and 建设用地 - 1.99992313
水域 and 林地 - 1.99999721	水域 and 林地 - 1.99999863
水域 and 未利用土地 - 2.00000000	水域 and 未利用土地 - 2.00000000
水域 and 草地 - 2.00000000	水域 and 草地 - 2.00000000
耕地 and 水域 - 2.00000000	耕地 and 水域 - 2.00000000

图 4-3 研究区 ROI 可分离性值

4.2.3 精度验证

为保证分类结果的准确性，对丹江流域(河南段)的分类结果进行精度评价。使用 Google Earth 下载的高分辨率影像判读结果作为真值进行验证。

利用 ENVI 5.3 工具箱中的 Ground Truth ROI 的混淆矩阵工具，对监督分类后的影像数据和作为真值的判读结果建立判断矩阵。比较对应位置上实际像元的个数,与分类提取像元的个数来判断提取方法的精度,最终得到影像的分类精度,结果如表 4-4 所列。

表 4-4 研究区土地利用分类精度评价

年份	2004	2020
Kappa 系数	0.881 7	0.895 9

研究证明,Kappa 系数大于 0.80 表示分类效果比较好[98-99],因此 2 期影像的解译结果均满足分类精度的要求,最终得到丹江流域(河南段)2004 年和 2020 年的土地利用现状图。

4.2.3 研究区南水北调中线工程建设前后土地利用变化情况

将研究区南水北调中线工程建设前(2004 年)和建设后(2020 年)的影像进行土地分类与解译处理后,其分类结果如图 4-4、表 4-5 所示。

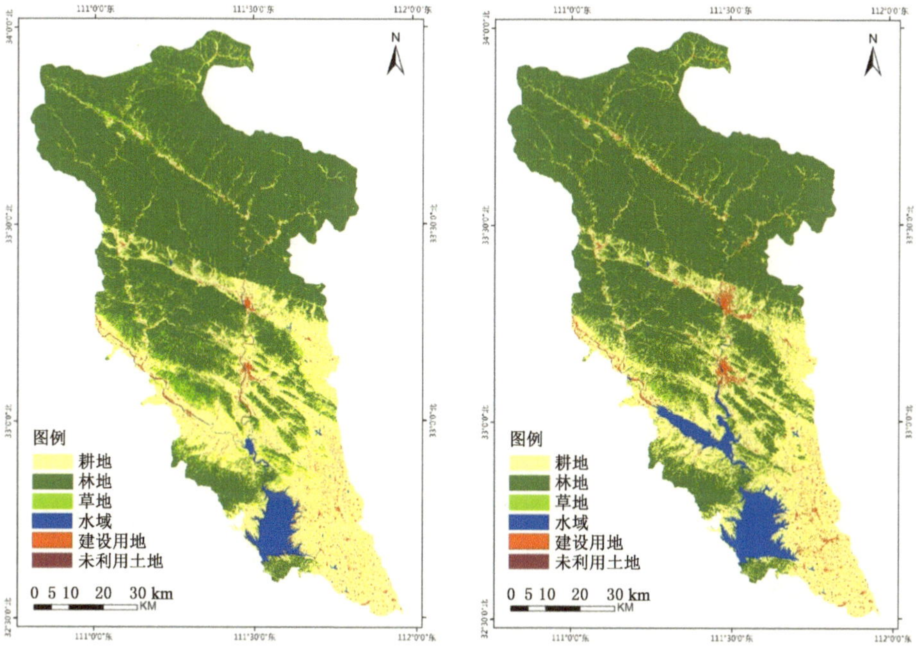

(a) 2004年土地利用分布　　(b) 2020年土地利用分布

图 4-4 南水北调中线工程建设前(2004 年)和建设后(2020 年)土地利用分布情况

表 4-5　南水北调中线工程建设前(2004 年)和建设后(2020 年)土地利用的面积及比例

土地利用代码	土地类型	2004 年		2020 年	
		面积/km^2	比例/%	面积/km^2	比例/%
1	耕地	2 640.17	31.39	2 371.13	28.19
2	林地	5 145.05	61.17	5 327.10	63.33
3	草地	187.81	2.23	46.29	0.55
4	水域	222.23	2.64	392.03	4.66
5	建设用地	215.95	2.57	274.58	3.26
6	未利用土地	0.003 6	<0.01	66.6	<0.01

由图 4-4 及表 4-5 可以看出，林地面积虽然在这 16 年间有所减少，但它仍占研究区的 60%以上，主要分布在北部与中部的部分区域。耕地面积从 31.39% 减少到 28.19%，近 16 年大约减少了 269.04 km^2。建设用地面积从 2.57%增加到 3.26%，近 16 年大约增加了 58.63 km^2。水域则集中分布在南部的丹江口水库附近。水域面积从 2004 年的 2.64%增加到 2020 年的 4.66%，近 16 年大约增加了 169.8 km^2，增幅为 76.4%。草地占比基本保持不变，未利用地占比略有增加，但占比仍然较少。

4.3　本章小结

本章基于 MODIS 遥感影像、MYD13Q1 植被数据计算提取了研究区南水北调中线工程建设前、后以及丰水期和枯水期的植被覆盖度数据。根据研究区的实际情况以及研究目标，建立了土地利用状况分类体系，结合研究区 2004 年、2020 年的遥感影像数据以及丹江流域(河南段)的土地利用类型特点，将土地利用类型主要分为六类，即耕地、林地、草地、水域、未利用地和建设用地。对 Landsat 7 数据采用监督分类中支持向量机分类法作为遥感影像的解译方法。结合研究区实际情况，参照表 4-3 中的土地利用类型及含义，通过不同波段的组合增强目视解译的判断效果，对经过波段融合的 Landsat 7 影像选取各地类的典型样本作为训练集，得到 2004 年和 2020 年丹江流域(河南段)的土地利用情况。

第 5 章　南水北调中线工程对丹江流域(河南段)地表温度与植被覆盖度变化影响的分析

5.1　南水北调中线工程对丹江流域(河南段)地表温度变化影响分析

南水北调中线工程对丹江流域(河南段)地表温度变化有着重要的影响。首先,受南水北调中线工程的水库扩容影响,水面面积大大增加,流域水资源丰富度对地区的气候有着重要的影响。其次,南水北调中线工程的建设对周边的地表覆盖情况影响巨大,土地利用类型的变化直接影响到地表温度,造成地表热量平衡变化,影响区域热通量及蒸散发量。

地表温度是地表能量和水分平衡的关键因子[100],对区域地表温度变化的分析有着十分重要的作用。准确获取其分布的时空状况并对南水北调中线工程可能的影响程度及范围进行研究,具有十分重要的意义。这不仅对南水北调中线工程的运行与管理具有十分重要的参考价值,还对于充分评估南水北调中线工程建设后的气候变化、预估未来气候变化有着重要的意义。

湖泊水面对周边环境的影响,在不同时间点也有不同,例如在一天中的不同时间点、降水特征不同的时期、不同气候特征的季节,水域对周边环境都有着不同的影响作用和强度。对调水工程而言,径流区的降水量和南水北调中线工程的运营方式都对区域环境影响巨大,并且降雨分布不均匀、丰水期枯水期分期明显。因此,对丹江流域(河南段)来说,要探究南水北调中线工程对地表温度变化的影响,以建设前后为重要区分,结合昼夜、丰水期与枯水期的不同特征,综合探究水体对地表温度的影响结果。结合研究区实际情况确定南水北调中线工程建设前的时间范围为 2003—2005 年,南水北调中线工程建设后的时间范围为 2019—2021 年;丰水期的时间范围为 6—8 月,枯水期的时间范围为 12—2 月(次年)。

5.1.1 地表温度时间变化特征分析

（1）丹江流域（河南段）南水北调中线工程建设前后地表温度的月际变化

以南水北调中线工程建设前（2003 年、2004 年、2005 年）和南水北调中线工程建设后（2019 年、2020 年、2021 年）的丰水期（当年 8 月、9 月、10 月）与枯水期（12 月、次年 1 月、次年 2 月）为节点，对每月的平均温度进行散点图的拟合，结果如图 5-1 所示。

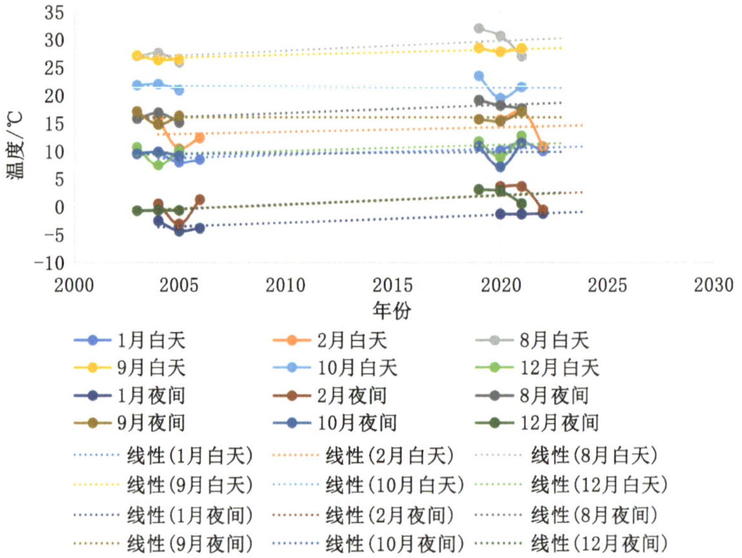

图 5-1 南水北调中线工程建设前后 8—10 月及 12—2 月地表温度时间序列变化图

由图 5-1 可知，12 月份白天丹江流域（河南段）LST 平均值范围在 8～12 ℃之间，夜间 LST 平均值范围为 0～3 ℃，白天年增长速率为 0.10 ℃/y，南水北调中线工程建设后增长 1.71 ℃；夜间 LST 的年增长速率为 0.17 ℃/y，南水北调中线工程建设后增长 2.81 ℃。1 月份白天丹江流域（河南段）LST 平均值范围在 9～11 ℃之间，夜间 LST 平均值范围为－1～－4 ℃，白天年增长速率为 0.11 ℃/y，南水北调中线工程建设后增长 1.82 ℃；夜间 LST 的年增长速率为 0.13 ℃/y，南水北调中线工程建设后增长 2.29 ℃。2 月份白天丹江流域（河南段）LST 年增长速率为 0.10 ℃/y；夜间 LST 的年增长速率为 0.16 ℃/y。8 月份白天丹江流域（河南段）LST 年增长速率为 0.18 ℃/y，南水北调中线工程建设后增长 3.04 ℃；夜间 LST 的年增长速率为 0.14 ℃/y，南水北调中线工程建设后增长 2.37 ℃。

由图中可以看出,南水北调中线工程建设后的 LST 变化在各个月份明显呈上升趋势。其中,12、1、2 月份白天,2 月份的 LST 最高,12 月次之,1 月最低;南水北调中线工程建设后 1 月份白天温度增长最多。12、1、2 月份夜间,2 月份的 LST 最高,12 月次之,1 月最低;丹江流域(河南段)白天的 LST 比夜间 LST 高 12 ℃左右,且白天 LST 的增长速度高于夜间。

从图中可以看出,8 月份白天 LST 比 9 月及 10 月的 LST 高,10 月夜间的 LST 最低。在 2004—2021 年间,在白天 8 月份的 LST 升高最为明显,在夜间 12 月 LST 增长幅度明显。

(2) 丹江流域(河南段)南水北调中线工程建设前后地表温度的丰水、枯水期变化

以南水北调中线工程建设前(2003 年、2004 年、2005 年)和南水北调中线工程建设后(2019 年、2020 年、2021 年)的丰水期(当年 8 月、9 月、10 月)与枯水期(12 月、次年 1 月、次年 2 月)为节点,对不同丰水期、枯水期的白天和夜间平均温度分别进行散点图的拟合,结果如图 5-2 所示。

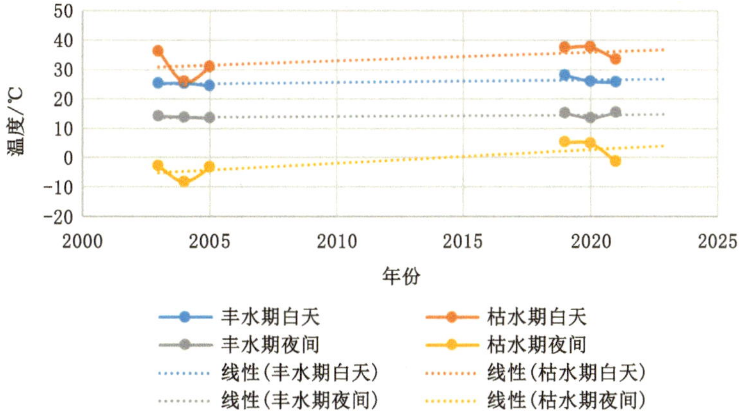

图 5-2 南水北调中线工程建设前后不同时期地表温度时间序列变化图

由图 5-2 可知,丰水期白天丹江流域(河南段)地表温度平均值范围在 24～27 ℃之间,丰水期夜间 LST 平均值范围在 13～15 ℃之间。丰水期白天 LST 年增长速率为 0.1 ℃/y,南水北调中线工程建设后增长 1.5 ℃;丰水期夜间 LST 的年增长速率为 0.05 ℃/y,南水北调中线工程建设后增长 0.9 ℃。枯水期白天丹江流域(河南段)LST 平均值范围在 25～37 ℃之间,枯水期夜间 LST 平均值范围在 −8～5 ℃之间。枯水期白天 LST 的年增长速率为 0.3 ℃/y,南水北调中线工程建设后增长 5.2 ℃;枯水期夜间 LST 的年增长速率为 0.4 ℃/y,南水北调中线工程建设后增长 7.8 ℃。无论是白天还是夜间,丰水期的温度变化程度都远

远低于枯水期温度变化程度。丰水期的温度变化白天比夜间更加明显，然而在枯水期夜间的温度变化比白天更加明显。南水北调中线工程建设前、后的丰水期夜间 LST 变化幅度最小，枯水期夜间变化幅度最大。

即使在相同时期，土地类型不同的区域地表温度相差巨大，表明不同土地下垫面对地表温度有着显著的影响。南水北调中线工程建设使水域的面积增长，大大增强了水域的面积，水体的调温能力有更明显的表现，其结果在夜间尤其明显。林地的调温能力也较为明显，夜间对温度的影响要高于白天。建设用地下垫面的性质会引起地表温度增高，证明南水北调中线工程建设会影响土地下垫面的类型，进而影响地表温度的变化。

地表温度近 16 年变化幅度随月份、昼夜和汛期有所不同。枯水期温度变化程度远高于丰水期的温度变化程度，枯水期夜间地表温度近 16 年变化幅度最大。8 月份的白天温度升高较为明显，12 月夜间温度升高幅度最大。丰水期夜间地表温度近 16 年变化幅度最小。研究区整体温度有所上升，枯水期夜间温度变化最为明显。

5.1.2 地表温度空间分布及特征分析

本研究通过时间加权平均法对研究区不同昼夜的丰水期和枯水期地表温度数据进行平均，其结果是对每年丰水期（当年 8 月、9 月、10 月）和枯水期（12 月、次年 1 月、次年 2 月）各自范围内所有重建后的地表温度数据平均计算后所得。计算丰、枯水期及月度平均数据按照边界数据所占的天数进行加权平均。以月平均温度数据合成为例，具体公式如下：

$$z_{\text{month}}=\frac{\sum_{j=1}^{n} z_i \cdot 8+\sum_{j=1}^{s} z_j \cdot n_j}{8 \cdot n+\sum_{j=1}^{s} n_j} \tag{5-1}$$

式中 z_{month}——月平均温度；

n——影像获取时间完全包含在对应月内的影像的数量；

z_i——影像获取时间完全包含在对应月内的影像对应的每一期影像的像元矩阵；

s——对应月时间的边界影像的数量；

z_j——对应月时间的边界影像对应的每一期影像的像元矩阵；

n_j——对应影像包含在对应月内的天数。

通过计算可以得到对应月时间的加权平均温度的合成。

以每年的丰、枯水期的不同昼夜平均温度数据合成为例，具体公式如下：

$$z_{\text{epoch}}=\frac{\sum_{j=1}^{n} z_i \cdot 8+\sum_{j=1}^{s} z_j \cdot n_j}{8 \cdot n+\sum_{j=1}^{s} n_j} \tag{5-2}$$

式中　z_{epoch}——白天、夜间的丰、枯水期共四个时段各自对应的平均温度；

n——白天或夜间影像获取时间完全包含在丰或枯水期的影像的数量；

z_i——影像获取时间完全包含在对应时间范围内的每一期影像的像元矩阵；

s——每一期影像获取时间完全包含在对应时间范围内的影像的数量；

z_j——获取时间部分包含在对应的不同时间范围的每一期影像的像元矩阵；

n_j——对应第 j 幅影像的获取时间包含在对应的不同时间范围的天数。

通过计算可以得到不同年份白天、夜间的丰、枯水期的加权平均温度。按照建设前、后的年份平均计算得到不同时期温度结果如表 5-1、图 5-3、图 5-4 所示。

表 5-1　南水北调中线工程建设前后丰、枯水期昼夜温度分布范围及平均值

时期			地表温度范围/℃	范围差值/℃	平均值/℃
南水北调中线工程建设前	丰水期	白天	[0.8～15.3]	14.5	10.2
		夜间	[−6.7～8.1]	14.8	−2.0
	枯水期	白天	[16.6～30.7]	14.1	25.1
		夜间	[8.4～21.5]	13.1	14.0
南水北调中线工程建设后	丰水期	白天	[2.9～17.8]	14.9	12.4
		夜间	[−4.9～10.4]	15.3	0.4
	枯水期	白天	[17.4～35.1]	17.7	26.3
		夜间	[8.6～22.8]	14.2	14.7

进行南水北调中线工程建设前、后的丰、枯水期平均温度数据合成，得到南水北调中线工程建设前和南水北调中线工程建设后两个时间段的白天丰水期、白天枯水期、夜间丰水期和夜间枯水期共八个时间段的平均温度图像如图 5-3、图 5-4 所示。

由上述分析可知，枯水期和丰水期及昼夜的温度分布相似，白天河流的温度较低，夜间河流温度较高；南水北调中线工程建设前后丰水期、枯水期，昼夜平均地表温度低值区主要位于在北部的高海拔山区，高值区集中分布在中部和南部地势较低的河谷及平原区域；但在具体时间段的对比上存在差异，在北部山区丰水期比枯水期的分布更多零散的高温区，丰水期夜间的北部高温区明显较多，枯

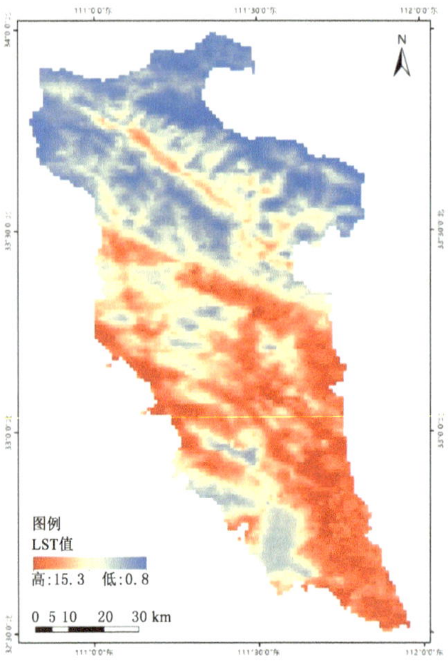

（a）丰水期白天

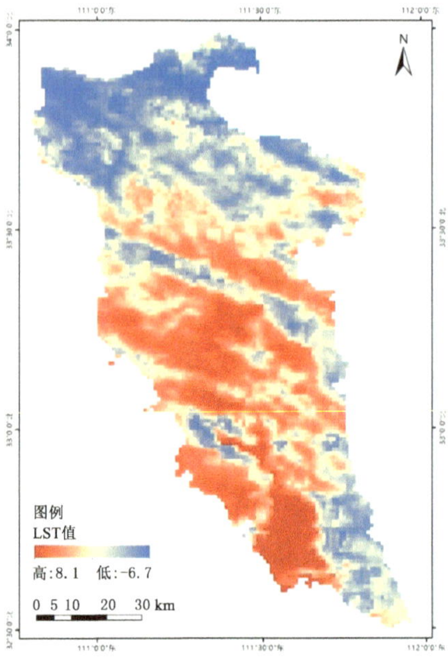

（b）丰水期夜间

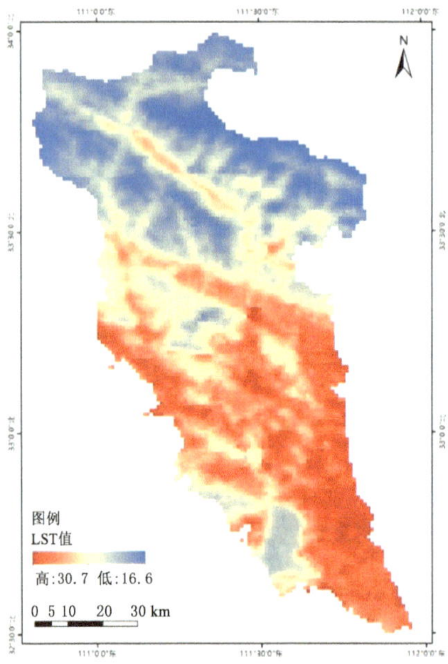

（c）枯水期白天

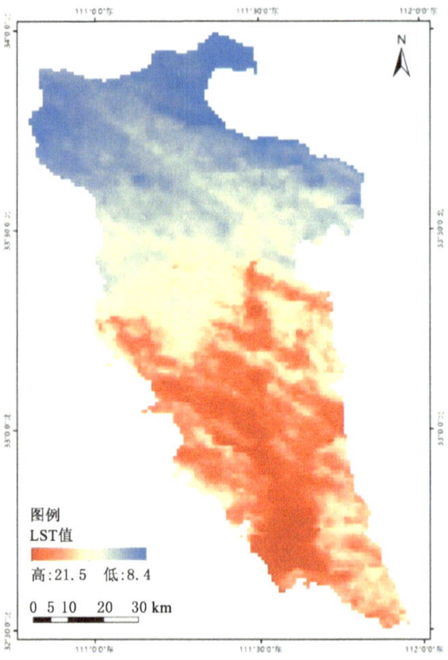

（d）枯水期夜间

图 5-3 南水北调中线工程建设前丰、枯水期昼夜温度分布图

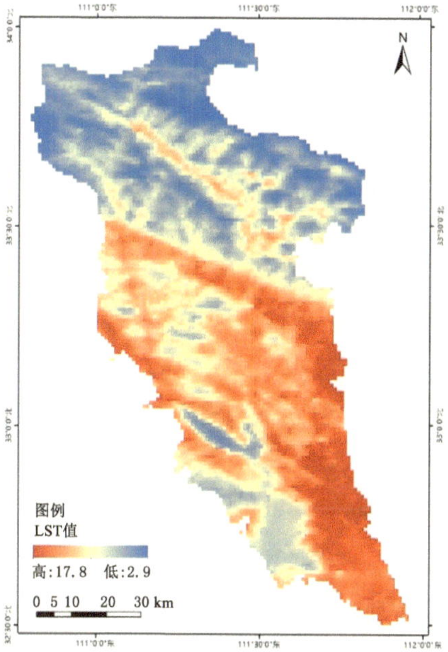

(a) 丰水期白天

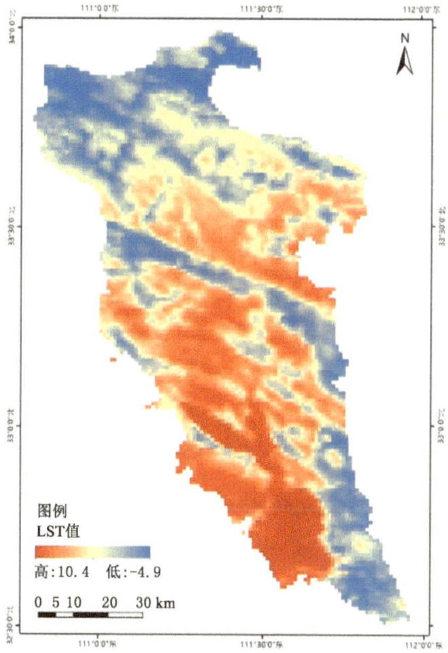

(b) 丰水期夜间

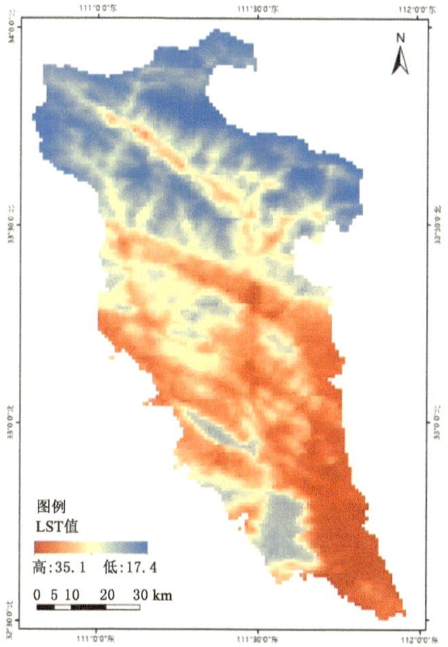

(c) 枯水期白天

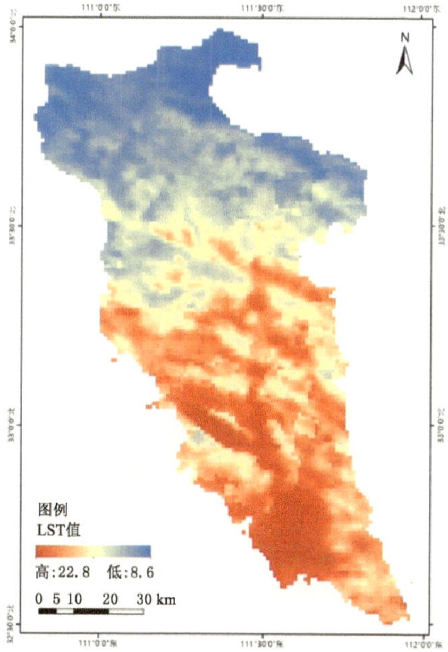

(d) 枯水期夜间

图 5-4 南水北调中线工程建设后丰、枯水期昼夜温度分布图

水期夜间北部高温区明显较少；枯水期和丰水期北部山区海拔较低的河谷处温高值白天比夜间明显多。

由于建设前后期，丰、枯水期的差异，受下垫面变化的影响，不同时期的地表温度会产生一定的差异。平均温度整体呈现上升趋势，且升温地区多处于中部及南部的平原地区。丰水期平均上升 2.3 ℃左右，白天与黑夜的温度升高速率基本一致。枯水期白天与夜间平均温度上升差异较明显，枯水期白天平均温度上升 1.2 ℃，夜间平均温度上升 0.7 ℃，证明南水北调中线工程的建设对枯水期的变暖有着更明显的抑制效应，丰水期平均温度升高幅度高于枯水期。无论是在丰水期还是在枯水期，南水北调中线工程建成前后的温度范围变化，最高温度的涨幅高于最低温度的涨幅。其中南水北调中线工程建设后枯水期白天的温度范围的最大值明显升高，但平均温度并没有明显增高，95%以上的温度集中处于 32.5 ℃以下，高温地区集中于南部平原，城市等建设用地是造成温度高值的直接原因。这表明南水北调中线工程建设后的地表温度较南水北调中线工程建设前整体升高，地表温度及其空间分布受多种因素影响，不同下垫面类型、河流水面的空间分布和高程等地形都会对地表温度的分布与变化产生影响。

5.1.3 地表温度差空间分布及特征分析

为了研究丹江流域（河南段）南水北调中线工程对周边环境地表温度的影响，本研究通过分析河流水面温度与其周边的地表温度差值来表述南水北调中线工程与周边环境地表温度的关系。主要研究方法是利用欧式分配（Euclidean Allocation）原理，将河流水面的温度按照与其欧氏距离最小的原则分配给研究区的其他位置，得到各点的欧式分配温度（LST_{EA}），再进行欧式分配温度与地表温度（LST）的差值运算，得到河流水面与周边环境的温度差异，分析河流水面对研究区温度的影响。公式如下：

$$TD = LST - LST_{EA} \tag{5-3}$$

式中 TD——地表温度差，℃；

LST——从 MODIS 遥感影像中提取的地表温度；

LST_{EA}——经欧式分配的欧式距离最近的河流水面温度，℃。

由前节得到的南水北调中线工程建设前（2003 年、2004 年、2005 年地表温度平均数据）与南水北调中线工程建设后（2019 年、2020 年、2021 年地表温度平均数据）在不同的丰水期与枯水期，在白天与夜间组合的不同情况下的地表温度数据进行地表温度差计算，得到南水北调中线工程建设前的各个特征时期地表温度差的空间分布（图 5-5）与南水北调中线工程建设后的各个特征时期地表温度差的空间分布（图 5-6）以及分布描述（表 5-2）。

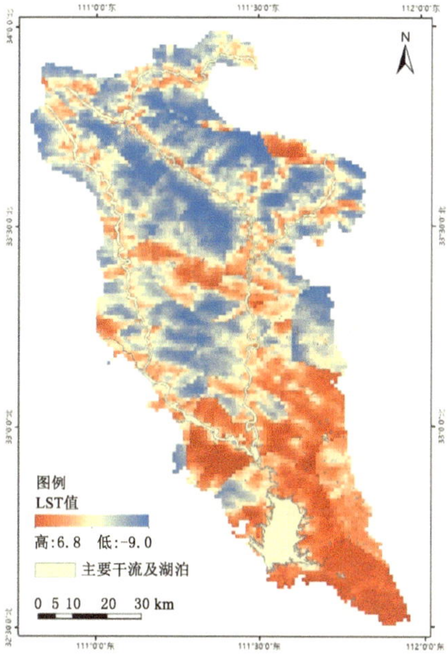

(a) 丰水期白天

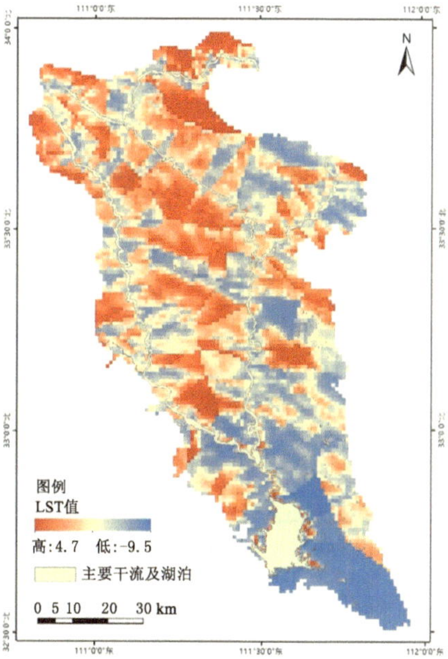

(b) 丰水期夜间

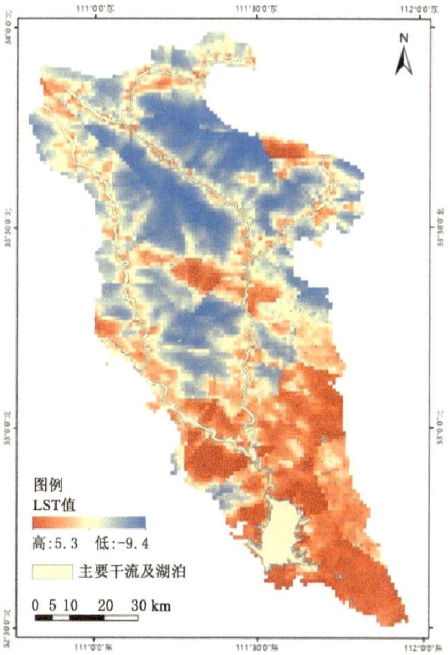

(c) 枯水期白天

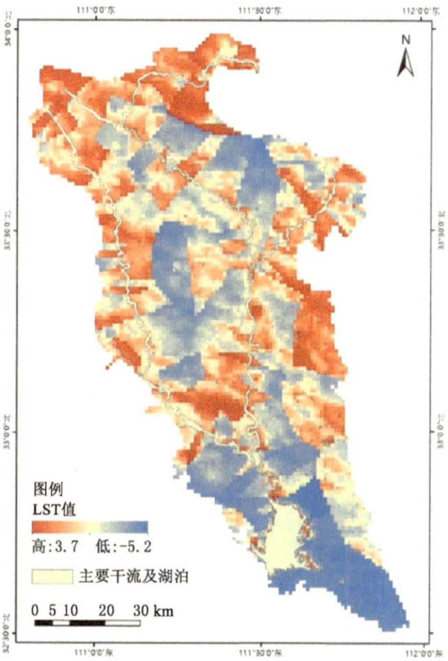

(d) 枯水期夜间

图 5-5　南水北调中线工程建设前丰、枯水期昼夜地表温度差分布

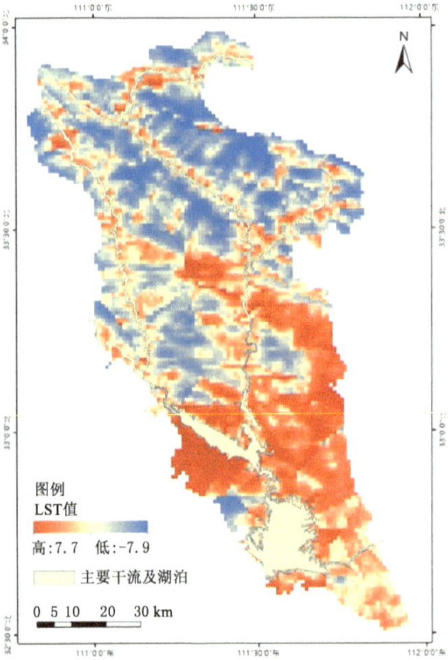

（a）丰水期白天

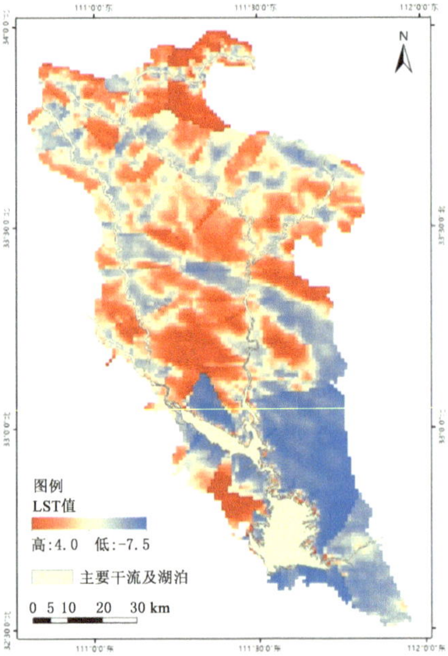

（b）丰水期夜间

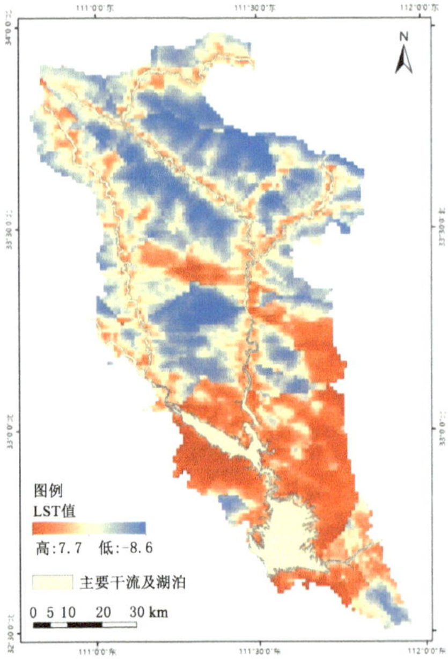

（c）枯水期白天

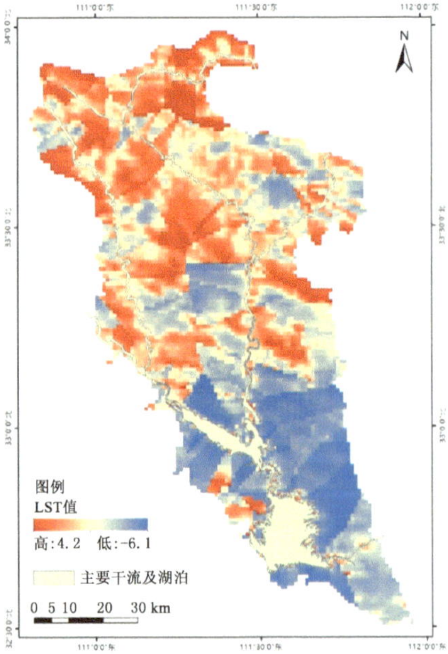

（d）枯水期夜间

图 5-6 南水北调中线工程建设后丰、枯水期昼夜地表温度差分布

表 5-2　不同时间段地表温度差范围及平均值

时期			地表温度差范围/℃	平均值/℃
南水北调中线工程建设前	丰水期	白天	[−9.0～6.8]	−0.2
		夜间	[−9.5～4.7]	−0.5
	枯水期	白天	[−9.4～5.2]	−0.3
		夜间	[−5.2～3.7]	−0.1
南水北调中线工程建设后	丰水期	白天	[−7.9～7.7]	−0.1
		夜间	[−7.5～4.0]	0.4
	枯水期	白天	[−8.6～7.7]	−0.5
		夜间	[−6.1～4.2]	0.1

从图 5-6 和表 5-2 来看，由于建设前、后，丰、枯水期的差异，同时受下垫面与河流水面的距离影响，地表温度差分布会产生一定的差异。从分布上看，白天河流的周边温度升高更明显。丰、枯水期白天，中部和南部低海拔平原地区与北部高海拔地区存在不同的特征。中部和南部低海拔平原地区的温度变化范围更广，变化强度更大。白天中部及北部高海拔地区周边环境温度受河流水面的影响较大，在一定范围内，距离河流水面越近地表温度差数值越高且为正值；距离河流水面达到一定程度时地表温度差变为负值，这表明距离河流水面越远，周边环境的温度由高于河流水面温度，开始不断下降最终低于河流水面温度。

南部低海拔地区白天的这种效应更加明显，影响的范围更大，在植被覆盖度极高地区与低海拔和高海拔地区边界会出现这种效应并迅速转变为负的地表温度差，这也验证了白天河流湖泊与周边环境的温差效应。

从分布上看，夜晚河流水面的周边温度降低更明显。丰、枯水期夜间中部和南部低海拔平原地区与北部高海拔地区存在不同的特征，夜间的中部及北部高海拔地区受河流水面的影响较大。在一定范围内，距离河流水面越近地表温度差数值越低且为负值；距离河流水面达到一定程度时地表温度差变为负值，这表明随着与河流水面的距离增大，周边环境的温度由高于河流水面温度，开始不断下降最终低于河流水面温度。

南部低海拔地区夜间的下垫面温度大面积比河流水面的温度低，在植被覆盖度极高地区与低海拔和高海拔地区边界出现这种效应并迅速转变为负的温度差。南部低海拔地区夜间的这种效应更加明显，影响的范围更大，在植被覆盖度极高地区与低海拔和高海拔地区边界出现这种效应并迅速转变为负的温度差，这也验证了夜间河流湖泊与周边环境的温差大些。

地表温度差极值丰水期显著高于枯水期，表明河流水面对周边环境温度的影响程度在丰水期更为明显，这是因为丰水期河流湖泊水量明显增大，对周边环境的影响也会相应地变大。白天丰水期与枯水期的地表温度差的极小值之间的差值有所减少，表明枯水期的地表温度差趋于缓和；南水北调工程建设后的白天和夜间丰水期与枯水期的地表温度差极大值之间的差值明显减小，侧面表明枯水期的河流水面对周边环境的影响程度有所增大。

地表温度差极值夜间显著高于白天，表明河流水面对周边环境温度的影响程度在夜间更为明显，丰水期白天和夜间的地表温度差极小值之间差距较小，表明丰水期河流水面比周边环境温度高的程度在白天和夜间基本一致。

南水北调中线工程建设后的地表温度差在丰水期白天、丰水期夜间、枯水期白天和枯水期夜间的极值除了丰水期白天的极大值略有增加外，其他都有明显减少，考虑是由于近年来地表温度上升，其影响幅度超过了南水北调中线工程的影响幅度，使整个研究区的地表温度差趋于缓和。

河流附近的地表温度差极值有所上升，原因是南水北调中线工程的建设导致水域面积增加，使得距离河流较近的下垫面温度与河流温度的差值增加，对周边环境的影响更大。

为了准确评定等级，更加准确地表示和评价地表温度差的时空分布状况，对地表温度差进行标准化处理，由式(5-4)计算得到经过归一化处理的地表温度差。

$$NTD=\frac{TD-TD_{MIN}}{TD_{MAX}-TD_{MIN}} \tag{5-4}$$

式中 NTD——地表温度差归一化结果；

TD——地表温度差；

TD_{MAX}——地表温度差最大值；

TD_{MIN}——地表温度差最小值。

将归一化地表温度差的结果进行分级，按照相等的间隔分为五个等级，如表5-3所示。较客观地反映地表温度差的空间分布情况，得到地表温度差分类等级(图5-7、图5-8)及其比例(表5-4)。

表5-3 基于NTD范围的分类级别

等级	NTD范围
温差最低区	0.0～0.2
温差较低区	0.2～0.4
温差中等区	0.4～0.6
温差次高区	0.6～0.8
温差最高区	0.8～1.0

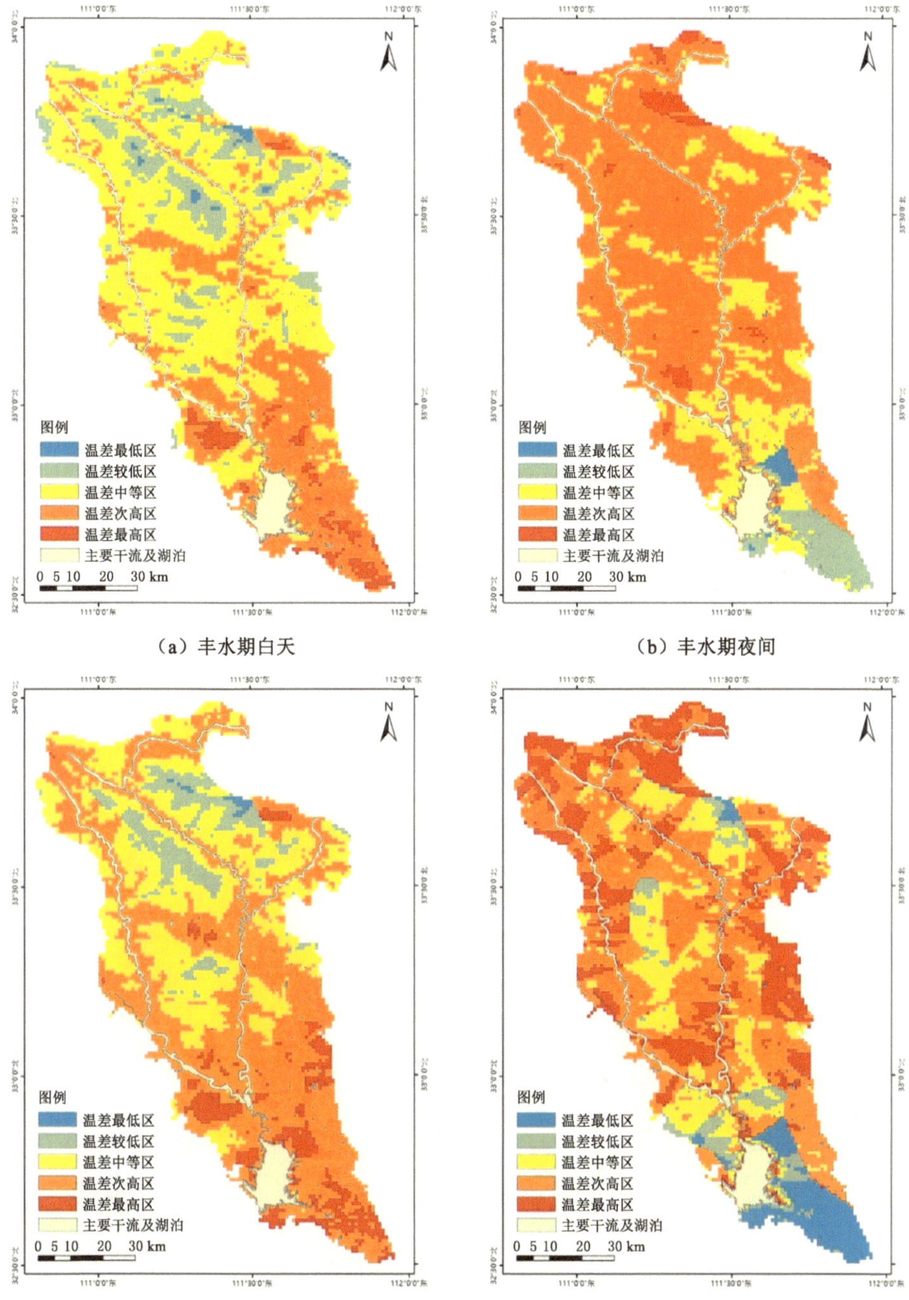

(a) 丰水期白天　(b) 丰水期夜间

(c) 枯水期白天　(d) 枯水期夜间

图 5-7　南水北调中线工程建设前丰、枯水期昼夜地表温度差等级分布

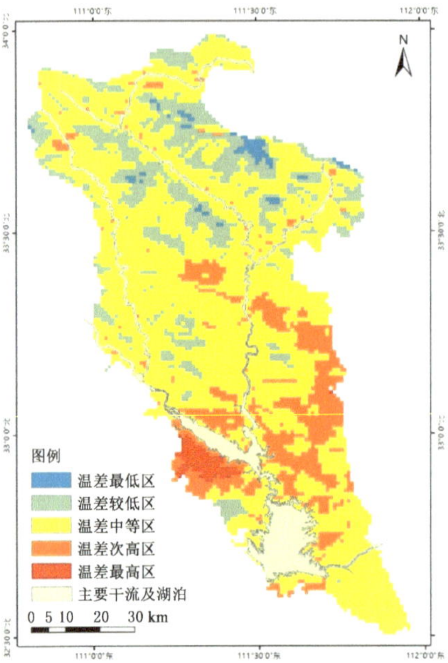

(a) 丰水期白天

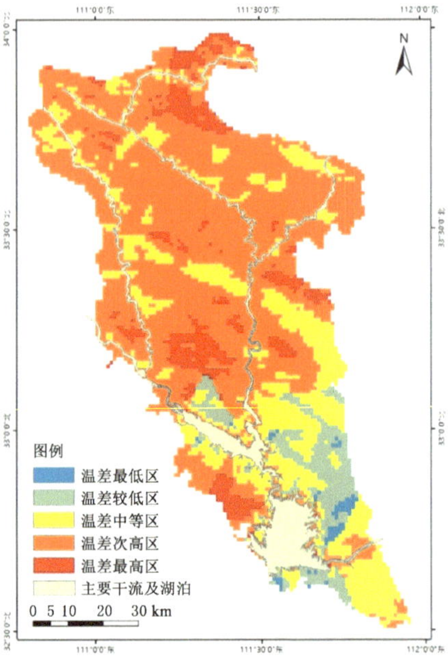

(b) 丰水期夜间

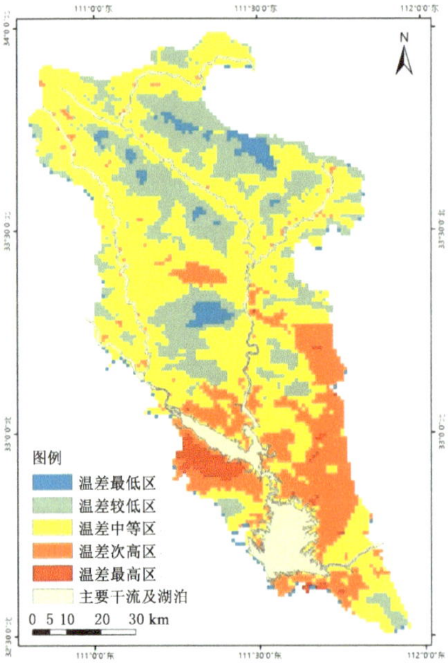

(c) 枯水期白天

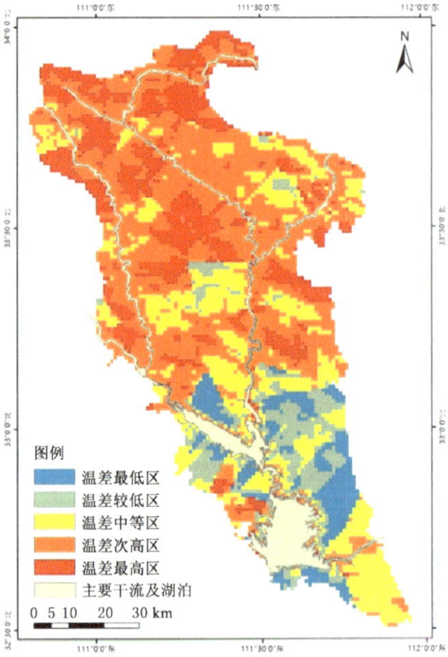

(d) 枯水期夜间

图 5-8　南水北调中线工程建设后丰、枯水期昼夜地表温度差等级分布

表 5-4　不同时间阶段地表温差等级分布

时期				地表温差等级				
				温差最低区	温差较低区	温差中等区	温差次高区	温差最高区
南水北调中线工程实施前	丰水期	白天	面积/km^2	63.47	922.28	4161.16	2967.16	297.51
			比例/%	0.75	10.96	49.47	35.27	3.54
		夜间	面积/km^2	73.39	398.66	1516.30	6163.39	259.82
			比例/%	0.87	4.74	18.03	73.27	3.09
	枯水期	白天	面积/km^2	32.73	625.76	2578.41	4518.17	656.50
			比例/%	0.39	7.44	30.65	53.71	7.80
		夜间	面积/km^2	550.39	399.65	1439.94	3924.14	2097.44
			比例/%	6.54	4.75	17.12	46.65	24.94
南水北调中线工程实施后	丰水期	白天	面积/km^2	92.23	1240.61	5833.16	1138.47	107.10
			比例/%	1.10	14.75	69.35	13.53	1.27
		夜间	面积/km^2	68.43	520.64	1962.57	5177.65	682.29
			比例/%	0.81	6.19	23.33	61.55	8.11
	枯水期	白天	面积/km^2	267.76	1810.84	4742.29	1444.90	145.78
			比例/%	3.18	21.53	56.38	17.18	1.73
		夜间	面积/km^2	543.45	659.48	1753.32	3936.04	1519.28
			比例/%	6.46	7.84	20.84	46.79	18.06

分析可得，地表温差与河流水面具有明显的关系，在北部高海拔山区与南部平原地区有着不同的分布规律。总的来说，北部和南部有着不同的规律，在一定距离内，地表温差距离河流水面越近强度越高，随距离的增加强度不断减小。

白天的温度效应分布与河流水面的距离关系更密切但强度不高，主要分布在距离河流水面较近的地方，面积较小且集中。夜间的温差等级强度更高，分布范围更广，且与河流水面距离有关。南水北调中线工程建设前的下垫面与河流水面的地表温差强度比南水北调中线工程建设后的更高。

南水北调中线工程建设后，枯水期白天变化明显，整体地表温差减少，河流水面与周边下垫面的地表温差更小。丰水期夜间，中部部分地区地表温差增大，考虑到是由于中部植被相对增多，使得白天的升温效应不明显所致。

根据南水北调中线工程建设前的地表温差分布规律分析可知，白天丰水期地表温差等级以温差中等区为主，占 49.47%；白天枯水期地表温差等级以温差次高区为主，占 53.71%。夜间丰水期地表温差等级以温差次高区为主，占 73.27%；

夜间枯水期地表温差等级以温差次高区为主，占 46.65%。研究区以温差次高主导。其中丰水期的地表温差整体高于枯水期，但枯水期夜间有着较高的温差最高区的占比，主要分布于除丹江口水库南部部分地区以外的地区以及河流附近。白天丰水期与枯水期分布规律接近，枯水期分布强度略高于丰水期。夜间枯水期的变化最强区和变化最弱区都明显高于丰水期。白天的温差强度整体低于夜间。

根据南水北调中线工程建设后的地表温差分布规律分析可知，白天丰水期地表温度差等级以温差中等区为主，占 69.35%；白天枯水期地表温度差等级以温差次高区为主，占 56.38%。夜间丰水期地表温度差等级以温差次高区为主，占 61.55%；夜间枯水期地表温度差等级以温差次高区为主，占 46.79%。研究区大部分时间范围内以温差次高为主导，丰水期的地表温差强度整体高于枯水期。枯水期地表温差最高区占比较南水北调中线工程建设前明显下降，主要变化区域位于中南部平原地区。白天丰水期与枯水期分布规律接近，枯水期分布强度略高于丰水期。夜间枯水期的温差最高区和温差最低区都明显与丰水期不同，白天的温差强度整体低于夜间。

不同时间段的不同温差区存在不同的变化规律，其规律主要表现为：白天北部高海拔地区随着离水体距离的增加，地表温差逐渐减小，而白天中部及南部平原地区则随着距水体距离的增加，地表温差逐渐明显。在夜间则有完全相反的规律。夜间整体大于白天，枯水期整体大于丰水期，南水北调中线工程建设前整体大于南水北调中线工程建设后。

5.1.4 南水北调中线工程温度效应变化强度空间分布及特征分析

南水北调中线工程的建设，通过改变研究区不同时期的河流水面水量，进而影响周边环境温度。为了探究南水北调中线工程的温度效应变化影响，基于地表温度差指数，用南水北调中线工程建设之前的地表温度差减去南水北调中线工程建设之后的地表温度差，定义为南水北调中线工程温度效应变化强度指数(RECI)，以此来表述南水北调中线工程温度效应变化强度。公式如下：

$$RECI = TD_L - TD_F \tag{5-5}$$

式中 RECI——不同时期南水北调中线工程建设前后的地表温度差的差值；

TD_L——南水北调中线工程建设前的地表温度差；

TD_F——南水北调中线工程建设后的地表温度差。

对上节的地表温度差数据进行南水北调中线工程建设前后的各个对应时期的插值运算，得到各个时期南水北调中线工程温度效应变化强度的分布结果如图 5-9、表 5-5 所示。

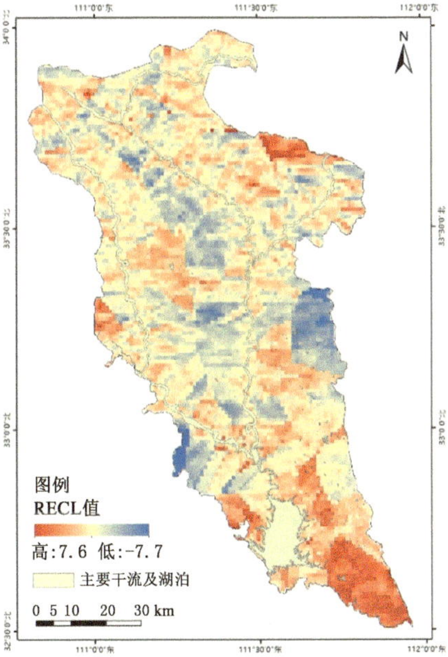

(a) 丰水期白天

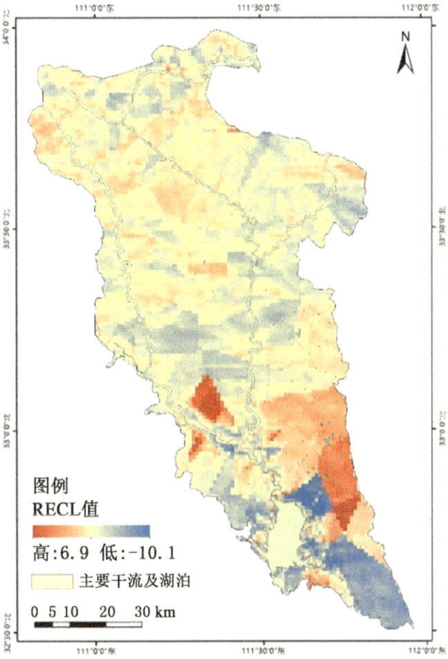

(b) 丰水期夜间

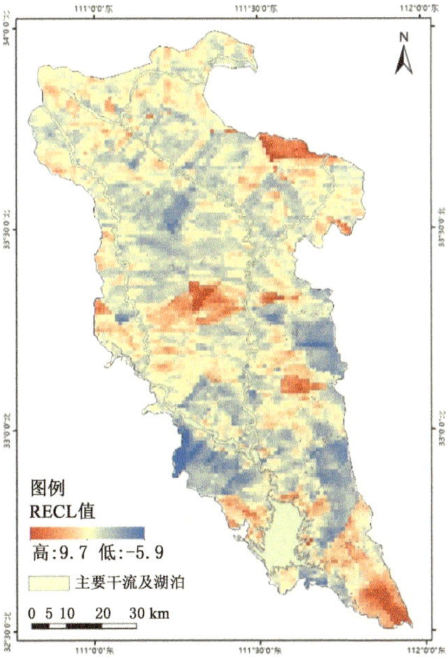

(c) 枯水期白天

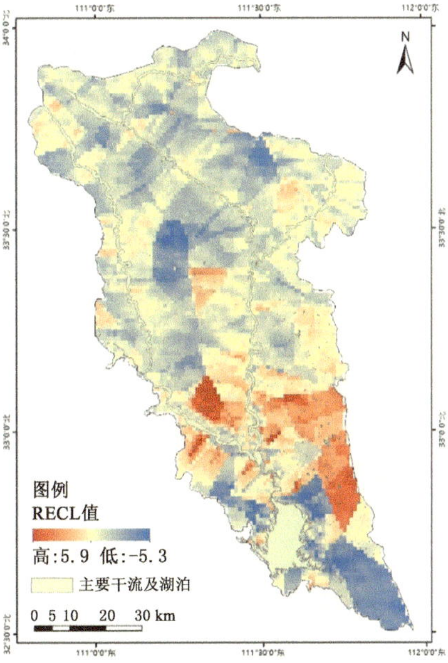

(d) 枯水期夜间

图 5-9　不同时期南水北调中线工程温度效应变化强度空间分布

表 5-5　不同时间段南水北调中线工程温度效应变化强度分布范围及平均值

时期	南水北调中线工程温度效应变化强度范围/℃	平均值/℃
枯水期白天	[−5.9～9.7]	−0.2
枯水期夜间	[−5.3～5.8]	−0.1
丰水期白天	[−7.7～7.6]	−0.1
丰水期夜间	[−10.1～6.9]	−0.3

为了准确评定等级，更加准确地表示和评价地表温度差的时空分布状况，对南水北调中线工程温度效应变化强度进行标准化处理，由式(5-6)计算得到经过归一化处理的地表温度差。

$$NRECI = \frac{RECI - RECI_{MIN}}{RECI_{MAX} - RECI_{MIN}} \tag{5-6}$$

式中　NRECI——经过归一化处理的南水北调中线工程温度效应变化强度指数；

RECI——南水北调中线工程温度效应变化强度指数；

$RECI_{MAX}$——南水北调中线工程温度效应变化强度指数的最大值；

$RECI_{MIN}$——南水北调中线工程温度效应变化强度指数的最小值。

为了准确评定等级并且更加准确地表示和评价地表温度差的时空分布状况，对地表温度差进行标准化处理。由式(5-6)计算得到经过归一化处理的地表温度差。将归一化地表温度差结果进行分级，按照相等的间隔分为五个等级，如表 5-6 所示。为了较客观地反映地表温度差的空间分布情况，对不同时期南水北调中线工程温度效应变化强度进行归一化得到分类等级(图 5-10)及比例(表 5-7)。

表 5-6　基于 NRECI 范围的分类等级

等级	NRECI 范围
变化最弱区	0.0～0.2
变化较弱区	0.2～0.4
变化过渡区	0.4 ～0.6
变化较强区	0.6～0.8
变化最强区	·～ 1.0

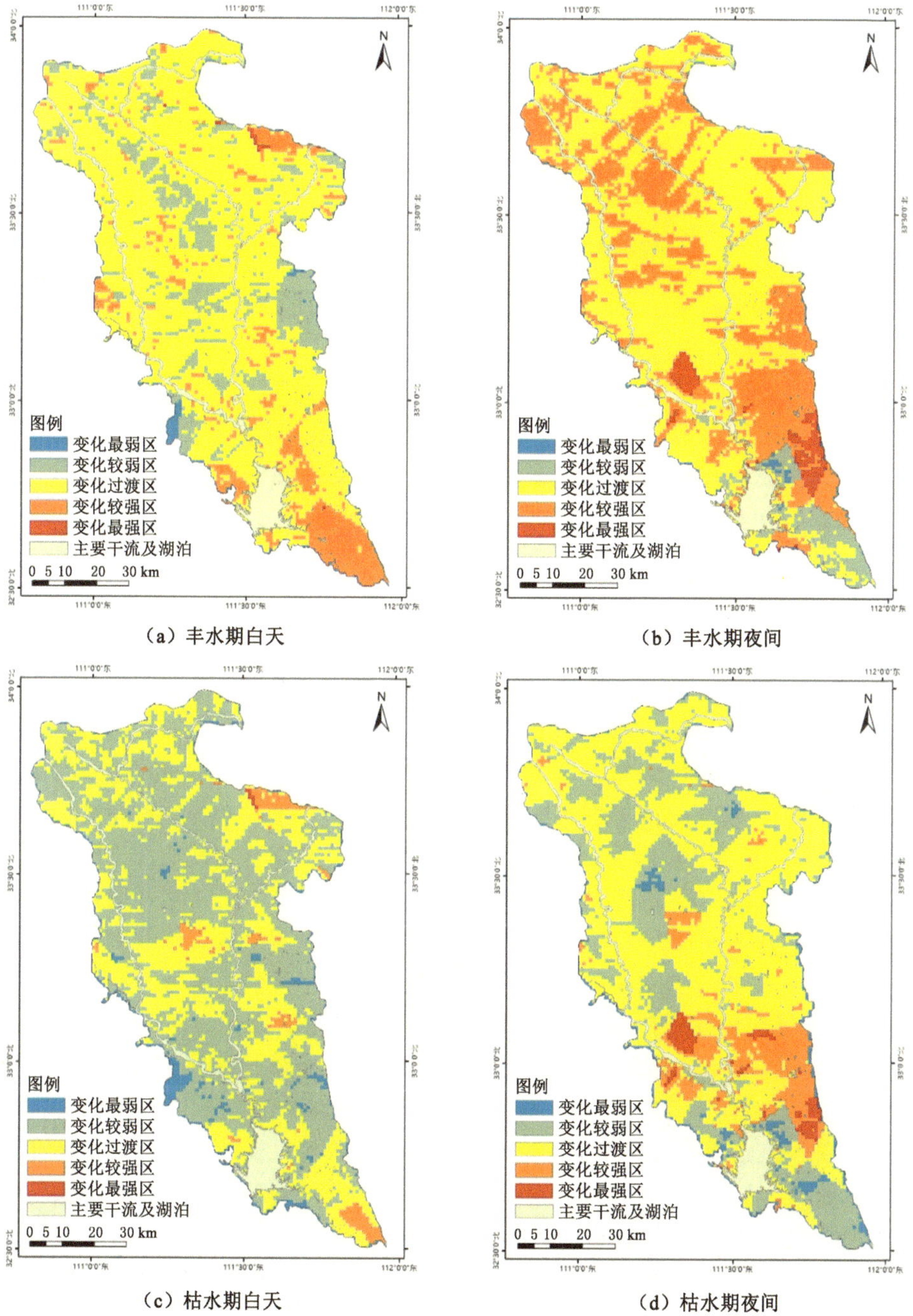

（a）丰水期白天　（b）丰水期夜间

（c）枯水期白天　（d）枯水期夜间

图 5-10　不同时期南水北调中线工程温度效应变化强度等级空间分布

表 5-7 不同时间阶段南水北调中线工程温度变化强度面积及比例

时期			地表温差等级				
			变化最弱区	变化较弱区	变化过渡区	变化较强区	变化最强区
白天	丰水期	面积/km^2	4 464.19	556.56	2 916.10	466.76	7.95
		比例/%	53.07	6.62	34.67	5.55	0.09
	枯水期	面积/km^2	4 548.84	2 278.16	1 465.30	115.52	3.74
		比例/%	54.08	27.08	17.42	1.37	0.04
夜间	丰水期	面积/km^2	4 454.84	163.69	2 368.43	1 324.06	100.56
		比例/%	52.96	1.95	28.16	15.74	1.20
	枯水期	面积/km^2	4 557.3	990.12	2 426.89	364.34	72.96
		比例/%	54.18	11.77	28.85	4.33	0.87

从图 5-10 和表 5-7 可以看出，在各个时期南水北调中线工程温度效应变化最弱区基本相同，南水北调中线工程温度效应变化强度的强弱在其他不同等级中的不同，体现着不同时期的规律。

在白天，由丰水期过渡到枯水期时，变化较强区和变化过渡区比例都有所上升，而变化较弱区、变化最弱区以及变化最强区比例都有所下降。

白天丰水期的变化过渡区与变化较强区，占比为 40.22%，与白天枯水期比较变化最弱区的比例基本相同，其主要差别区域主要集中于变化较弱区，占比为 27.08%，白天丰水期比枯水期有着更明显的南水北调中线工程温度变化效应。夜间效果与白天类似，在夜间丰水期变化过渡区与变化较强区占比为 43.90%，与夜间枯水期相比较变化最弱区比例基本相同且差别主要集中于变化较弱区与变化过渡区，其占比为 40.62%，夜间丰水期比枯水期有着更明显的南水北调中线工程温度变化效应。这表明，南水北调中线工程温度变化强度在丰水期与枯水期表现结果不相同，丰水期相较于枯水期在白天和夜间都有着更明显的温度变化效应。

丰水期白天的变化过渡区与变化较强区所占比例与夜间基本相同，约为 41%，其中夜间有 15.74% 是变化较强区，相比较白天变化较强区面积为 5.55%，丰水期夜间比白天有着更明显的南水北调中线工程温度变化效应。枯水期在白天变化较弱区与变化过渡区所占比例与夜间基本相同，约为 42%，相比较枯水期除面积比例基本相同的变化最弱区，差别主要集中于变化较弱区与变化过渡区，约为 40.62%，枯水期夜间比白天有着更明显的南水北调中线工程温度变化效应。这表明，南水北调中线工程温度变化强度在昼夜表现结果不相同，夜间相较于白天有着更明显的南水北调中线工程温度变化效应。

综上所述，南水北调中线工程建设前至南水北调中线工程建设后的温度效应变化强度在研究区不同的丰、枯水期以及昼夜都有着不同的规律。

5.1.5　南水北调中线工程调温效应空间分布及特征分析

水对周边环境温度有着重要的影响，本研究基于 TD_F（南水北调中线工程建设之前）、TD_L（南水北调中线工程建设之后）和 RECI 的不同组合，综合分析建立南水北调中线工程调温效应的影响，见表 5-8。

表 5-8　南水北调中线工程对温度调节的影响

序号	南水北调中线工程建设前期地表温度差	南水北调中线工程建设后期地表温度差	RECI	降温效应	升温效应	无效果
1	>0	>0	≥0			√
2	>0	≥0	<0	√		
3	>0	<0	≥0			√
4	>0	≤0	<0	√		
5	<0	≥0	>0		√	
6	<0	>0	≤0			√
7	<0	≤0	>0		√	
8	<0	<0	≤0			√

根据南水北调中线工程建设前的地表温度差、南水北调中线工程建设后的地表温度差、南水北调中线工程建设调温效应这三个指数的正负组合，表中一共总结了 8 种组合，包括了所有可能出现的情况。以此来判断南水北调中线工程建设的温度效应属于降温效应、升温效应和无效果中的哪一种。

降温效应一共有两种，只有南水北调中线工程建设前的地表温度差为正值，即周边温度比河流温度高，且南水北调中线工程温度效应变化强度指数小于零，即南水北调中线工程建设后的地表温度差高于南水北调中线工程建设前的地表温度差。这表明南水北调中线工程建设对周边环境有升温效应。

升温效应一共有两种，只有南水北调中线工程建设前的地表温度差为负值，即周边温度比河流温度低，且南水北调中线工程温度效应变化强度指数大于零，即南水北调中线工程建设后的地表温度差低于南水北调中线工程建设前的地表温度差。这也表明南水北调中线工程建设对周围环境具有降温作用。

对于其他四种情况，升温或降温效应不够明显或不存在。

(1) 南水北调中线工程降温效应

结合南水北调中线工程建设前后的地表温度差和南水北调中线工程温度效应变化强度，采用分段法获取南水北调中线工程对周边区域的降温效应，其南水北调中线工程降温效应结果如图 5-11、表 5-9 所示。

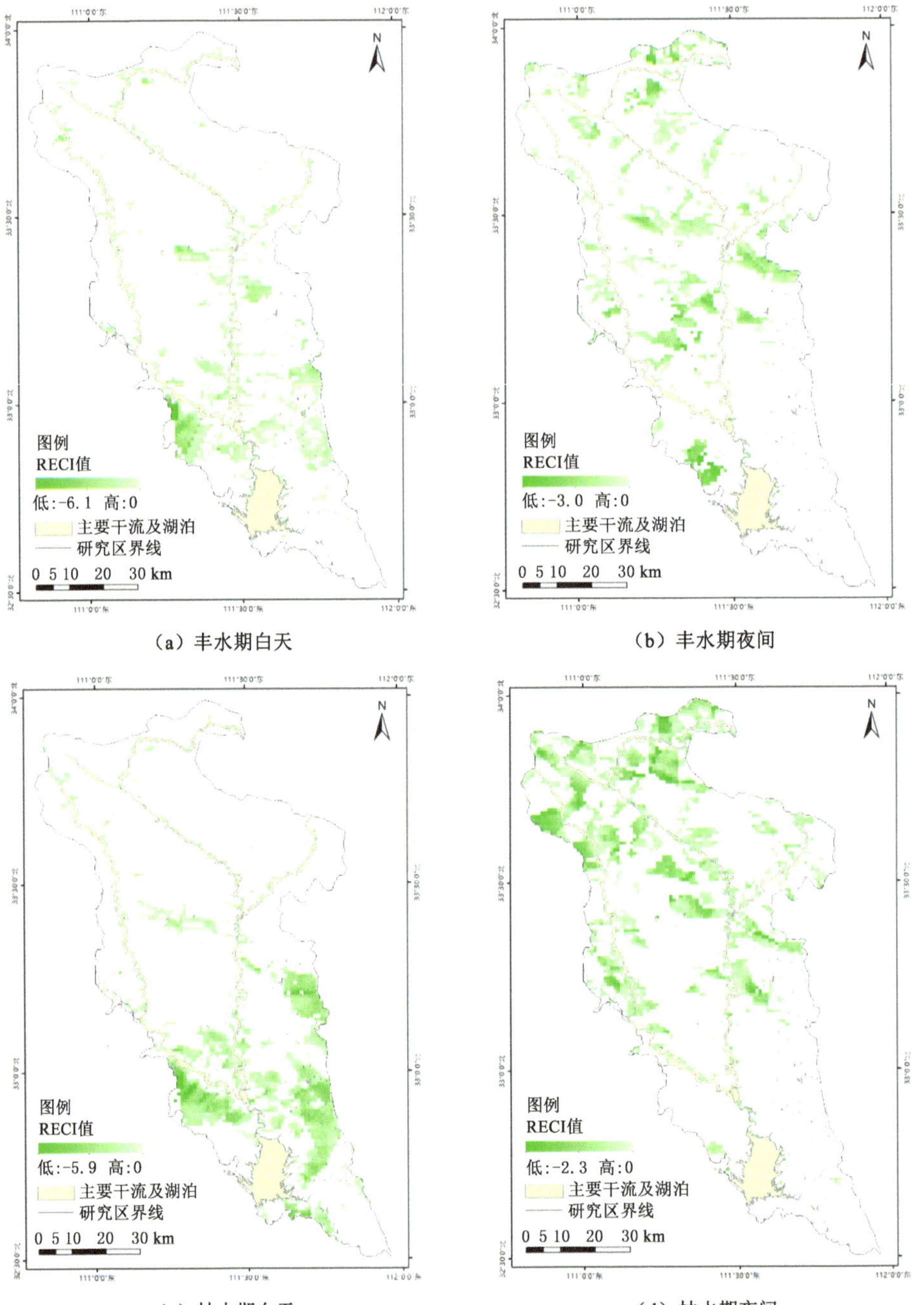

（a）丰水期白天　（b）丰水期夜间

（c）枯水期白天　（d）枯水期夜间

图 5-11　各个时间段南水北调中线工程降温效应分布

表 5-9　各个时间段南水北调中线工程降温效应面积及分布范围

时期		面积/km^2	RECI 范围/℃
丰水期	白天	657.12	[−6.1～0.0]
	夜间	709.97	[−3.0～0.0]
枯水期	白天	827.83	[−5.9～0.0]
	夜间	1036.42	[−2.3～0.0]

通过对图 5-11 和表 5-9 分析，本研究发现，南水北调中线工程修建及运行对丹江河流域(河南段)的地表温度具有降温效应，白天的降温效应极值要远高于夜间，丰水期的降温效应极值要略高于枯水期。白天的降温面积略小于夜间，丰水期的降温面积略小于枯水期。整体来说，白天的降温效应高于夜间，在白天枯水期降温效应更强，在夜间丰水期降温效应更强；北部丰水期夜间和枯水期夜间的降温效应更强，南部丰水期白天和枯水期白天的降温效应更强。南水北调中线工程降温效应主要集中于湖泊水面及其附近，白天主要分布于南部，夜间主要分布于北部。白天丰水期降温极值最大为−6.1 ℃，白天枯水期仅次于白天丰水期为−5.9 ℃，夜间枯水期最小为−2.3 ℃。

白天枯水期降温面积高于丰水期，丰水期约占枯水期的 79.38%；夜间枯水期的降温面积高于丰水期，丰水期约占枯水期的 68.50%。夜间分布区域主要集中于北部，距离河流水面较远，比较分散；白天降温区域主要集中在中南部地区，集中于河流水面附近。中南部平原地区因为地形原因和水面范围更大，在白天受到更为广泛且均匀的降温效应影响，结合植被覆盖度进行分析，部分较为突出的降温区域植被覆盖度变化程度十分明显，此类型区域的变化有多重因素影响，降温效应明显。夜间降温区域主要分布在北部海拔变化较为明显处，并且丰水期夜间河流本身降温的效果有所减弱。

降温效应是一种区域特有的气候，受其区域内的水系和植被等因素的影响。探究南水北调中线工程的降温效应对丹江流域(河南段)的生态环境有着重要的意义。

(2) 南水北调中线工程增温效应

结合南水北调中线工程建设前后的地表温度差和南水北调中线工程温度效应变化强度，采用分段法获取南水北调中线工程对周边区域的增温效应，其南水北调中线工程增温效应结果如图 5-12、表 5-10 所示。

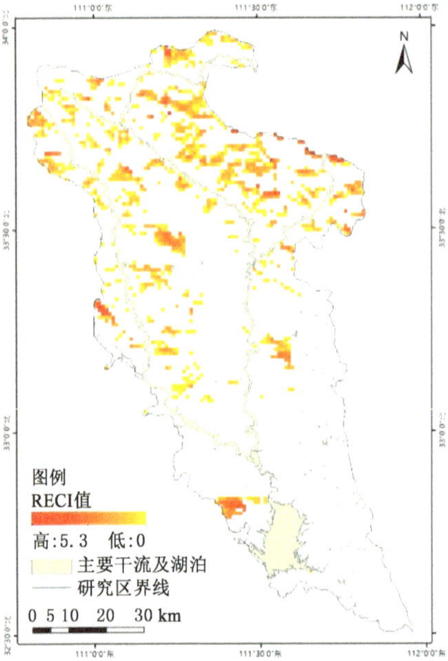

（a）丰水期白天

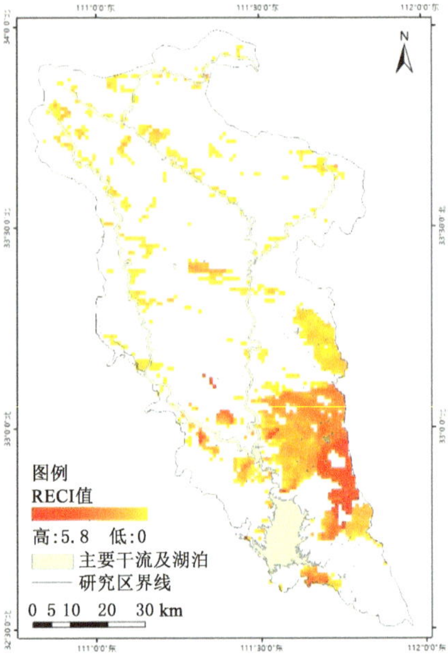

（b）丰水期夜间

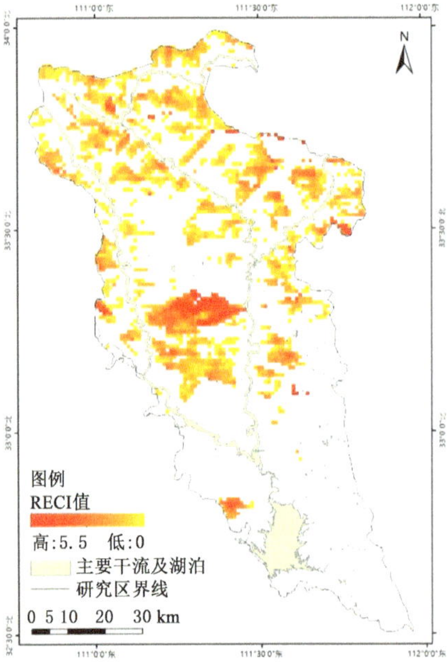

（c）枯水期白天

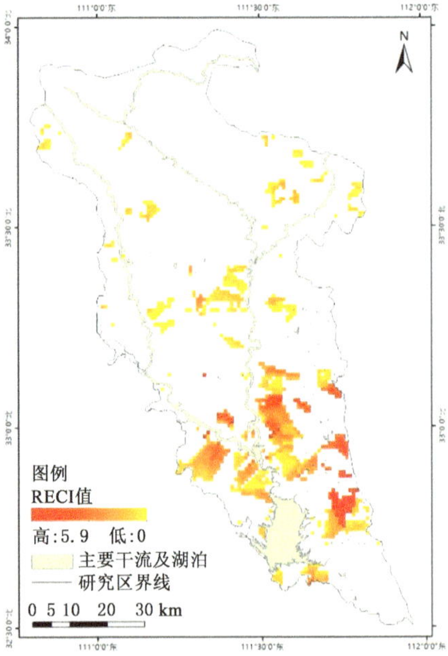

（d）枯水期夜间

图 5-12　各个时间段南水北调中线工程增温效应分布

表 5-10　各个时间段南水北调中线工程增温效应面积及分布范围

时期		面积/km^2	RECI 范围/℃
丰水期	白天	540.19	[0.0～5.3]
	夜间	743.64	[0.0～5.8]
枯水期	白天	994.33	[0.0～5.5]
	夜间	461.62	[0.0～5.9]

通过对图 5-12 和表 5-10 的分析，关于南水北调中线工程增温效应，本研究发现南水北调中线工程修建及运行对丹江河流域(河南段)的地表温度具有增温效应。

整体来说，白天的增温效应低于夜间，夜间的极值高于白天；从极值上看，丰水期增温效应低于枯水期，枯水期极值高于丰水期；从面积上看，夜间丰水期增温效应更强，白天枯水期增温效应更强；北部丰水期夜间和枯水期白天的升温效应更强，南部丰水期白天和枯水期夜间的升温效应更强；增温区域分布差异较大，增温区域分布不集中，且面积较大。

白天枯水期升温面积高于丰水期，丰水期约占枯水期的 54.32%；夜间丰水期的降温面积高于枯水期，枯水期约占丰水期的 62.08%。白天分布区域主要集中于北部，距离河流水面较远，比较分散；夜间区域主要集中在中南部地区，主要集中于河流水面附近。中南部平原地区因为地形原因和水面范围更大，在夜间受到更为广泛且均匀的升温效应影响，结合植被覆盖度进行分析，部分较为突出的降温区域植被覆盖度变化程度十分明显，此类区域变化受多重因素影响，升温效应明显。白天升温区域主要分布在北部海拔变化较为明显处，并且丰水期夜间河流本身降温的效果有所增强。

枯水期较丰水期有着更广的分布范围和更高的降温效应；在夜间，丰水期较枯水期有着更广的分布范围和更高的降温效应。在分布上丰水期的降温效应分布很广，其中部分集中在河流主干道附近，其他时期其降温效应主要分布在研究区南部及北部，远离河流主干道。

降温效应是一种区域特有的气候，受其区域内的水系和植被等因素的影响。增温效应有好处也有坏处，出现在海拔较高的山区对促进周边生态发展有着积极影响[101]，而当出现在城市环境中，往往需要专门进行设计以缓解热岛效应对城市生活环境的影响[102]。南水北调中线工程建设对周边环境同时存在升温效应和降温效应。南水北调中线工程建设前后的升温、降温效应变化强度，在不同时期有着不同的分布特征，二者同时存在。同一时期北部山区与中部和南部平原的调温效应方向相反，例如在白天北部山区增温效应更明显，此时南部平原的降温效应更明显。丰水期或枯水期，在北部山区或中部或南部平原其白天和夜间的调温效应方向相反，例如丰水期白天北部山区增温效应明显，丰水期夜间北部山区降温效应明显。

降温效应在白天主要集中在河流主干道附近及中南部低海拔平原地区，距离湖泊水面河流主干道 2 km 的范围内广泛分布降温区，夜间分布较为分散且主要分布于北方高海拔地区；增温效应在白天主要分布于北方高海拔地区，且分布较为分散，而夜间则相反，在河流主干道附近及中南部低海拔平原地区分布密集。降温效应白天的效果要高于夜间，增温效应白天的效果要低于夜间。丰水期与枯水期相比，降温效应在白天枯水期更强，在夜间丰水期更强；增温效应在白天丰水期更强，在夜间枯水期更强。

5.2　南水北调中线工程对丹江流域(河南段)植被覆盖度变化影响分析

南水北调中线工程的建设，大大增加了区域的水资源，对植被生长产生有利影响，同时植被的蒸腾和水土保持会反过来巩固提高水源的涵养，形成良性循环[103]。分析研究区南水北调中线工程建设前后植被覆盖度的分布及变化情况，来探讨南水北调中线工程的建设对其周边植被覆盖的影响情况。

5.2.1　不同时期植被覆盖度等级分析

根据研究区的生态环境实际情况，参照已有的研究成果，建立植被覆盖度等级以准确描述植被覆盖度的分布情况，详细等级划分如表 5-11 所列。

表 5-11　植被覆盖度等级划分

等级	植被覆盖度
极高覆盖度	＞70%
较高覆盖度	50%～70%
中等覆盖度	30%～50%
较低覆盖度	10%～30%
极低覆盖度	＜10%

如图 5-13、表 5 12 和表 5-13 所示，植被覆盖度分布整体呈现丰水期高、枯水期低，南水北调中线工程建设前高、南水北调中线工程建设后低，平原及河谷区低、其他区域高的规律。极低植被覆盖率分布于水域及北部河谷区。在丰水期时，植被覆盖度以极高覆盖度为主，而在枯水期则是以中等覆盖度为主。

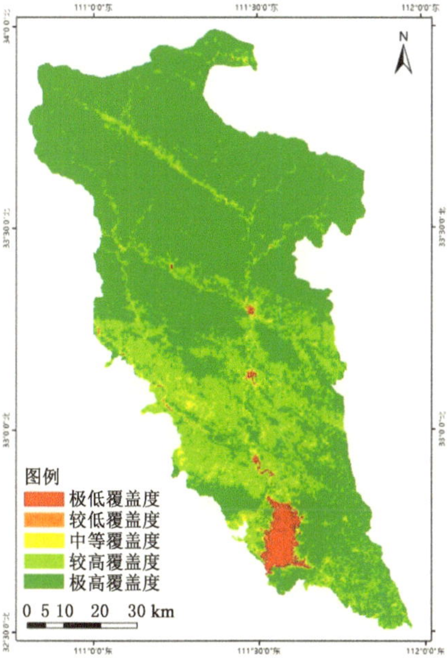

(a) 南水北调中线工程建设前的丰水期

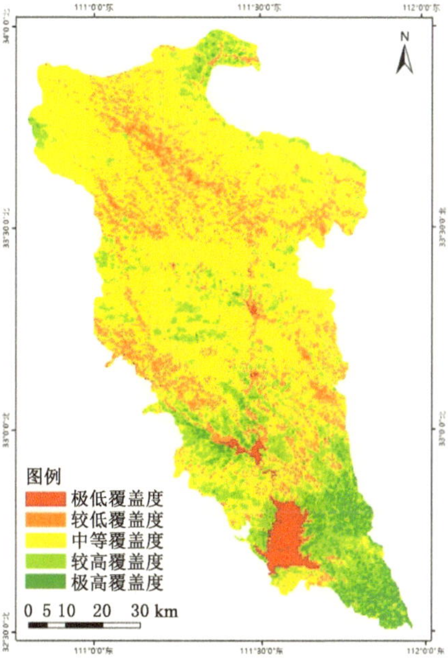

(b) 南水北调中线工程建设前的枯水期

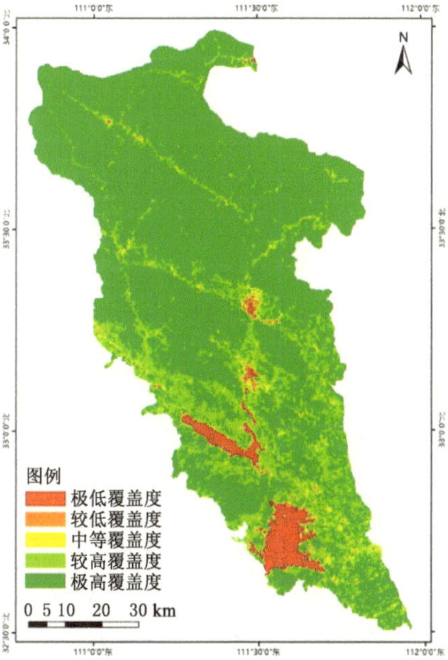

(c) 南水北调中线工程建设后的丰水期

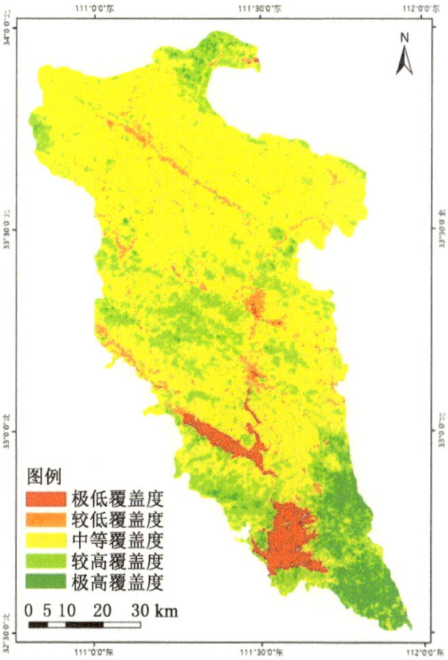

(d) 南水北调中线工程建设后的枯水期

图 5-13　不同时期植被覆盖度分布

表 5-12　不同时期植被覆盖度平均值分布表

时期		植被覆盖度平均值/%
南水北调中线工程建设前期	丰水期	76.42
	枯水期	40.01
南水北调中线工程建设后期	丰水期	77.27
	枯水期	43.68

表 5-13　不同时期植被覆盖度分布表

时期			植被覆盖度等级				
			极高覆盖度	较高覆盖度	中等覆盖度	较低覆盖度	极低覆盖度
南水北调中线工程实施前	丰水期	面积/km^2	6 085.62	1 957.13	189.65	38.00	141.18
		比例/%	72.35	23.27	2.25	0.45	1.68
	枯水期	面积/km^2	378.61	1 094.40	5 675.17	1 064.89	198.51
		比例/%	4.50	13.01	67.47	12.66	2.36
南水北调中线工程实施后	丰水期	面积/km^2	6 481.92	1 354.79	226.76	79.60	268.50
		比例/%	77.06	16.11	2.70	0.95	3.19
	枯水期	面积/km^2	487.85	1 515.87	5 768.67	334.95	304.24
		比例/%	5.80	18.02	68.58	3.98	3.62

南水北调中线工程的建设对研究区植被覆盖度的变化产生良性影响，研究区植被覆盖度整体上升。在丰水期，研究区平均植被覆盖度为南水北调中线工程建设后升高 1.10%，极高覆盖度区增加了 5.01%，主要集中于中南部地区，受南水北调中线工程影响水域面积变化较大的地区，大部分由原来的较高覆盖度区转化而来，较高覆盖度区面积由此减少。极低覆盖度占比由 1.68% 增至 3.19%，中等覆盖度占比由 67.47% 增至 68.58%。同时较低覆盖度占比由 12.66%减少至 3.98%，是因为水面上涨及城市化进程发展所导致的绿地面积减少，属于正常结果。

在枯水期，研究区南水北调中线工程建设前平均植被覆盖度为 40.01%，南水北调中线工程建设后上升至 43.68%，相较于丰水期有着更明显的提高，较高覆盖度变化最为明显，其占比由 13.01% 上升至 18.02%，并且和丰水期的变化情况一致，同时极高覆盖度和中等覆盖度占比分别提高了 1.30% 和 1.11%。较低覆盖度面积明显减少，大多转变为较高植被覆盖度等级，较低植被覆盖度占比由 12.66% 降至 3.98%。生态提升明显，主要集中于上部与中西部地区。如上结果表明，丰水期植被覆盖度整体呈上升趋势。极低覆盖度区占比由 2.36%增加至 3.62%,是因为水面上涨及城市化进程发展所导致的绿地面积减少,属于正常结果。

植被覆盖度分布整体呈现丰水期高、枯水期低、南水北调中线工程建设前高、南水北调中线工程建设后低、平原及河谷区低、其他区域高的规律。极低植被覆盖度分布于水域及北部河谷区。在丰水期,植被覆盖度以极高覆盖度区为主,而在枯水期则以中等覆盖度为主。

5.2.2　南水北调中线工程建设前后丰水期与枯水期的植被覆盖度时空变化分析

利用 ArcGIS 工具,将 1、2、3、4 和 5 分别赋给不同等级的植被覆盖度数据,数字越大植被覆盖度的等级越高,将南水北调中线工程建设后的植被覆盖度赋值数据减去南水北调中线工程建设前的植被覆盖度赋值数据。其差值代表植被覆盖度的转移方向和强度,正值表示植被覆盖度良性发展,负值表示植被覆盖度恶性发展,绝对值越大变化程度越剧烈。

如图 5-14 和表 5-14 所示,因为南水北调中线工程导致的水面面积扩张,水岸附近原先存在的植被部分被水覆盖,导致丰水期和枯水期都有部分地区植被

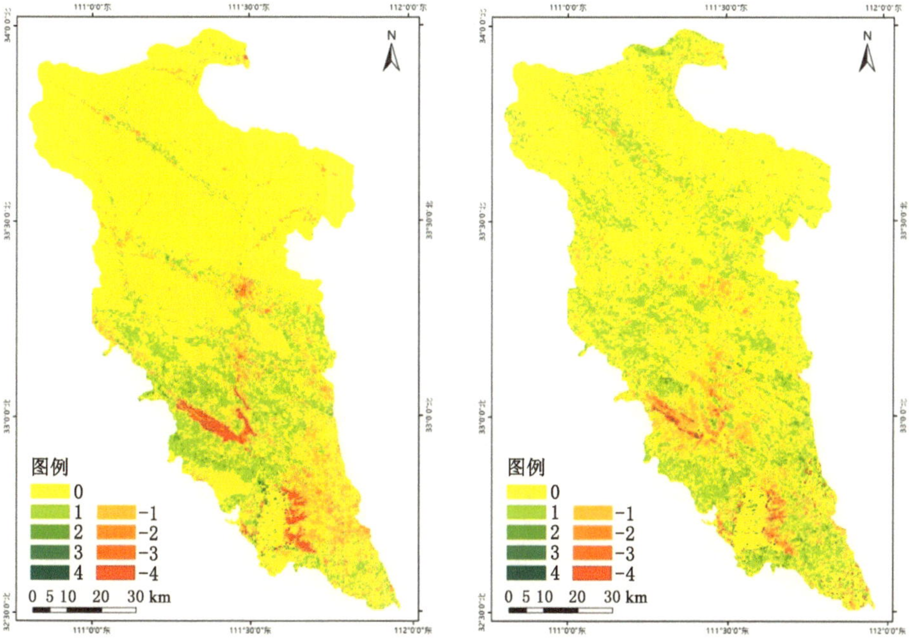

(a) 丰水期　　(b) 丰水期

图 5-14　丰水期与枯水期植被覆盖度转移方向分布

覆盖度明显下降;植被增长地区多位于北部的河谷附近及中南部平原地区,枯水期的增势高于丰水期,差异区域主要集中北部的河谷区周边。结合 DEM 进行分析,变化区域中,中部海拔较低区因河流水面变化最明显且距离最接近,受到比北部高海拔地区更大的影响,北方高海拔地区因为地形的限制受到河流的影响范围较小。植被覆盖度向良性发展的区域占研究区总面积的比例达到了15.27%。植被等级降低的"-1"和"-2"的占比分别为 7.93%和 1.58%,由于河流水面的面积增长和城市扩张所导致的原有植被覆盖度下降,其中水面面积变化为主要原因。

表 5-14 丰水期与枯水期植被覆盖度等级转移方向、面积及比例

转移代码	丰水期		枯水期	
	面积/km²	比例/%	面积/km²	比例/%
-4	60.825 020 02	0.72	17.793 345 58	0.21
-3	71.430 408 13	0.85	39.395 091 44	0.47
-2	132.816 889 9	1.58	114.189 575 7	1.36
-1	667.266 065 8	7.93	589.802 581 4	7.01
0	6 254.995 521	74.36	5 574.936 118	66.28
1	1 172.644 001	13.94	1 997.474 732	23.75
2	44.916 937 86	0.53	73.046 366 07	0.87
3	4.366 924 515	0.05	3.059 206 784	0.04
4	2.308 231 529	0.03	1.872 983 745	0.02
5	60.825 020 02	0.72	17.793 345 58	0.21

枯水期的增长趋势明显,"1"的占比为 23.75%,且植被覆盖度向良性发展的区域占研究区总面积的比例达到了 24.89%,比丰水期多出了 9.62%。

南水北调中线工程建设后,研究区相较于南水北调中线工程建设前,植被覆盖度明显朝着良性发展,在不同时期的发展程度有所不同,枯水期发展更为明显;不同时期的分布情况较为不同,丰水期时良性发展的面积较为集中,枯水期时良性发展的面积广、较为分散,发展幅度更高。

5.2.3 南水北调中线工程建设前后植被覆盖度时空变化分析

计算南水北调中线工程建设前的植被转移变化和工程建设后的植被转移变化,结果如图 5-15、表 5-15 所示。

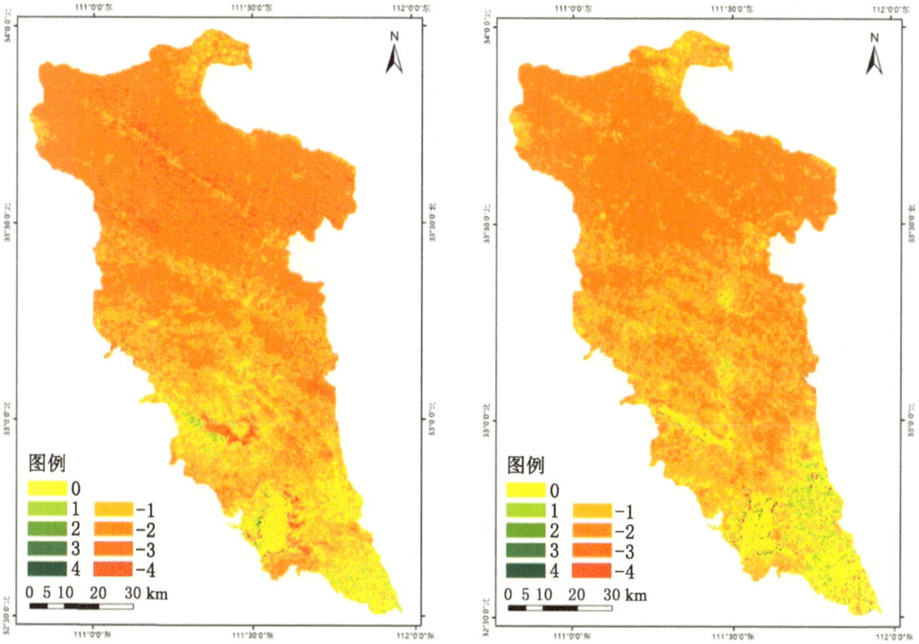

(a) 南水北调中线工程建设前　　(b) 南水北调中线工程建设后

图 5-15　南水北调中线工程建设前后植被覆盖度转移方向分布

表 5-15　南水北调中线工程建设前后植被覆盖度等级转移方向、面积及所占比例

转移代码	南水北调中线工程建设前		南水北调中线工程建设后	
	面积/km²	比例/%	面积/km²	比例/%
−4	14.722 77	0.18	10.676 01	0.13
−3	552.727 9	6.57	64.305 78	0.76
−2	4 902.497	58.28	4 944.302	58.78
−1	2 005.354	23.84	2 264.625	26.92
0	834.706 4	9.92	937.053 8	11.14
1	95.822 8	1.14	174.000 2	2.07
2	4.242 155	0.05	13.298 18	0.16
3	0.935 77	0.01	1.623 253	0.02
4	0.561 462	0.01	1.685 685	0.02

如图 5-15 和表 5-15 所示，南水北调中线工程建设前和南水北调中线工程建设后植被覆盖度以恶向发展为主。南水北调中线工程建设后向恶性发展的比例达到了 86.59%，比南水北调中线工程建设前少了 2.28%。其中，“−1”所占比例增长了 3.08%，增长区位于丹江口水库东侧的平原城市区域，考虑由人类活动和城市发展所致；减少区为中部湖泊附近，考虑由于南水北调中线工程的修建稳定了丰水期和枯水期的变化所导致的湖泊水面面积变化程度，周边生态环境更趋于稳定。“−2”所占比例基本保持不变，分布由中部湖泊附近转移至丹江口水库东侧的平原城市区域且转移基本平衡。“−3”比南水北调中线工程建设前少了 5.81%，占南水北调中线工程建设前“−3”的 88.43%，主要集中于湖泊水面附近，考虑由于南水北调中线工程的修建稳定了丰水期和枯水期的变化所导致的湖泊水面面积变化程度。

南水北调中线工程的建设对研究区植被覆盖度良性发展和提高生态环境的稳定性有一定的影响作用。在不同时期发展程度有所不同，枯水期发展更为明显；不同时期的分布情况较为不同，丰水期时良性发展的面积较为集中，枯水期时良性发展的面积广、较为分散，发展幅度更高。南水北调中线工程的建设减小了这些年内植被覆盖度的变化幅度，降低了植被覆盖变化过大可能造成的生态风险。

南水北调中线工程建设后的植被覆盖度整体变化幅度小于南水北调中线工程建设前。这表明南水北调中线工程的建设使丰水期向枯水期过渡期间的植被转移下降程度降低，植被覆盖度的下降会一定程度上影响地表温度，并对生态环境的稳定性有一定的影响作用[104]。注重植被的保护，维持生态稳定性，对丹江流域（河南段）的可持续发展具有重要意义。

5.3 丹江流域（河南段）地表温度与植被覆盖度变化相关性分析

探究植被覆盖度变化与地表温度变化的相关关系，对研究南水北调中线工程的建设对丹江流域（河南段）的影响有着重要意义。不同下垫面类型对地表温度有不同的影响，南水北调中线工程的建设对区域植被和气候影响明显，水利工程的修建会导致植被、水体的分布产生较大的变化，进而引起太阳辐射的吸收、反射率、热量存储等变化。探明不同影响因子与地表温度之间的相关关系，对探究影响生态环境的能量、水平衡有着重要意义。

5.3.1　土地利用类型与地表温度相关性分析

利用 4.2 节的土地分类数据，探究丹江流域(河南段)在 2004—2020 年各类土地的分布变化与地表温度的关系。考虑面积占比后，以林地、水域、耕地、建设用地四类统计研究不同地类的 LST 和 NDVI 相关规律。综合考虑第五类之间的相关关系，将原有分类体系分为 4 种主要类型以方便相关性分析。首先选取土地利用类型没有变化的区域，进行随机选点(每种土地类型大约 200 个点)，根据这些点像素生成掩膜图层，对 8 月及 12 月的白天和夜间平均温度数据进行掩膜提取并进行均值计算，得到不同地类不同时间的平均温度。

从图 5-16 中可以看出，这 16 年间，无论是 8 月还是 12 月的白天或是晚上，各土地利用类型的温度都呈上升趋势。具体来说，8 月白天建设用地的平均表面温度最高，坡度最陡，紧随其后的是耕地和林地，其温度梯度变化与耕地相当，夜间水域和建设用地的温度最高。12 月的白天，耕地、林地、水域、建设用地四种土地类型的总体温度有所上升，类别之间的温度差异与变化梯度较低也基本相似。12 月的夜间，建设用地、耕地、林地三种土地类型的总体温度都较低，类别之间的温度差异也较小，并且变化梯度较低。水域具有最高比热容，水体显示出最高的温度和年升温率。

地表下垫面材料不同，吸收和反射的太阳辐射比例也有差异，即使在同等太阳辐射强度的照射下，吸收能量的能力亦有不同。在白天，林地的地表温度明显低于耕地，此时林地的(蒸散)蒸腾量高于耕地的蒸腾量，因此引起较强的降温作用。夜间平均温度最高的是水域，最低的是林地。通常，无论是白天还是晚上，林地的温度最低。对于水域而言，昼夜温差最小，因为水具有很高的比热容，白天吸收热量缓慢，夜间释放热量也较慢。但值得注意的是，对于比热容小的土地类型如建设用地，吸收能量后迅速升温，其地表温度也更高。建设用地区域主要由混凝土、沥青、钢材和其他人造材料组成，这些材料通常具有较高的热惯性，即具有在一段时间内存储热量并随着温度下降而缓慢释放热量的能力。城市内的机动车辆、工厂及人类活动会排放大量的温室气体导致大气污染物颗粒堆积。这些粒子分散在城市上空，减少了入射的太阳短波辐射，降低了地面附近空气的流动性。即使在同一季节内，不同土地类型的地表温度也会表现出较为明显的差异，说明地表温度的起伏变化与土地类型有关。南水北调中线工程建设使水域的面积增长，大大增强了水域的面积，使得水体的调温能力有更明显的表现，其结果在夜间尤其明显。

整体来看，白天每种土地覆盖类型的温度升高速度要高于夜间温度升高的速度。在各个季节白天地表温度的平均值表现出的特征如下：建设用地＞耕地

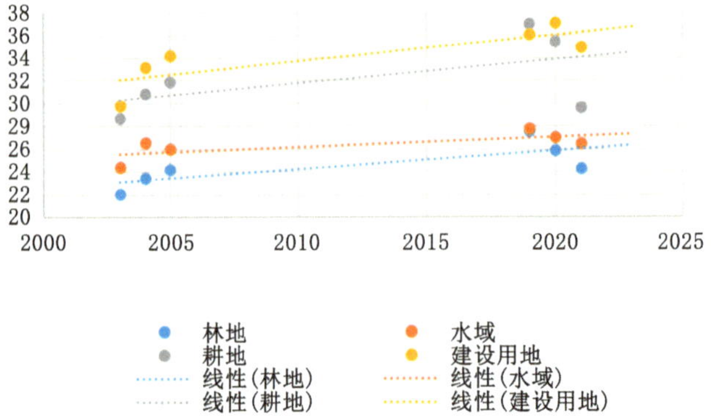

（a）8月白天

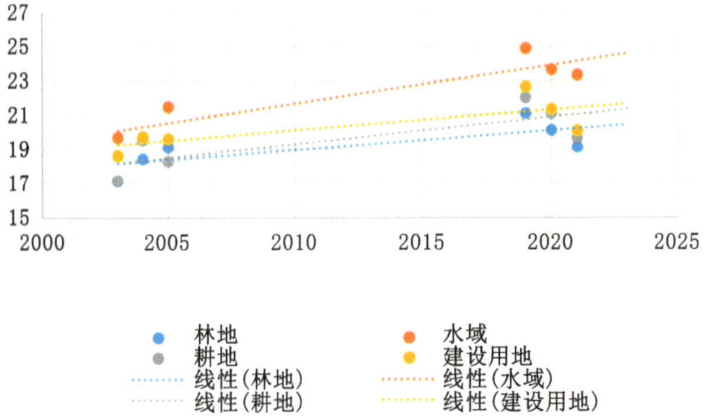

（b）8月夜间

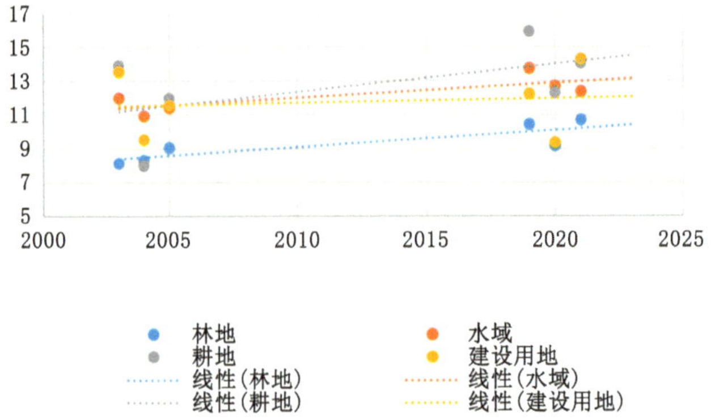

（c）12月白天

图 5-16　不同土地类型的平均地表温度变化

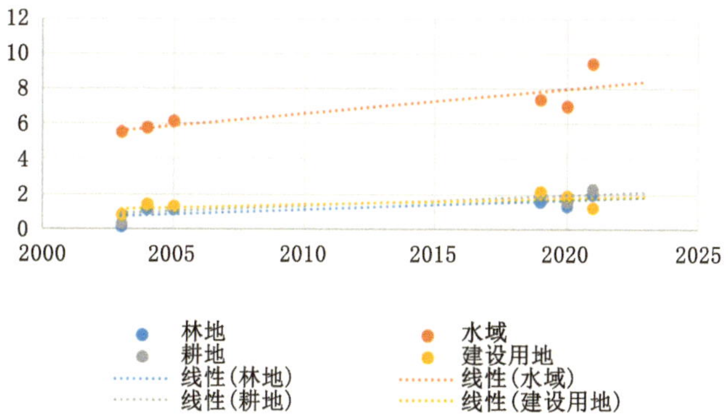

(d) 12月夜间

图 5-16 （续）

>水域>林地；夜间平均地表温度的特征为：水域>建设用地>耕地>林地，更进一步说明建设用地下垫面性质引起较高的地表温度。同时也体现出植被在降低地表温度方面十分有效。而到了夜间，水域在不同季节地表温度表现不同，但总体偏高。

5.3.2　植被指数、不透水面指数与地表温度相关性分析

地表温度与 NDVI 呈明显负相关关系[104]。Hasnahena 等[105]使用 MODIS 土地利用产品及地表温度产品，分析得到建设用地会引起地表温度的升高，水域、林地和耕地可以降低地表温度。Hua 等[106]研究表明，ISA 与地温具有较强的相关性且与季节无关，因此选取不透水面研究地表温度的季节变化影响因素。

首先假设植被覆盖和建设用地对地表温度的空间分布产生了主要影响，丹江流域(河南段)的植被覆盖度在空间分布上具有明显的优势。因此，根据 MYD13Q1 产品计算了丹江流域(河南段)的 NDVI 和 ISA 指数(Impervious Surface Area Index，ISAI)。NDVI 为归一化植被指数，常作为植被监测的代表。不透水面指数(ISA)用来提取研究区的不透水面信息。具体计算公式如下：

$$ISA = 1 - ((NDVI - NDVI_{soil}) / (NDVI_{veg} - NDVI_{soil}))^2 \tag{5-7}$$

植被覆盖度最高值在 8 月，选用 2021 年 8 月的数据分别进行 NDVI 和 ISA 指数对地表温度进行相关性分析，结果如图 5-17、图 5-18 所示。

从图中可得知植被覆盖度对地表温度的影响：NDVI 与白天 LST 的拟合曲线 $y=-2.49x+28.51$，拟合系数为 0.071；NDVI 与夜间 LST 的拟合曲线 $y=$

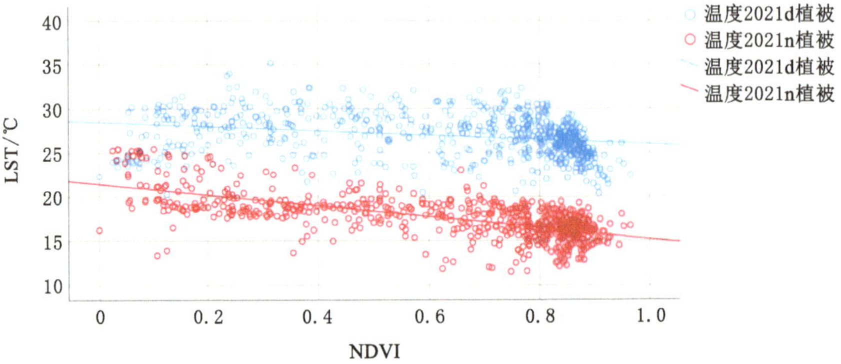

图 5-17　NDVI 与 8 月份白天/夜间地表温度关系图

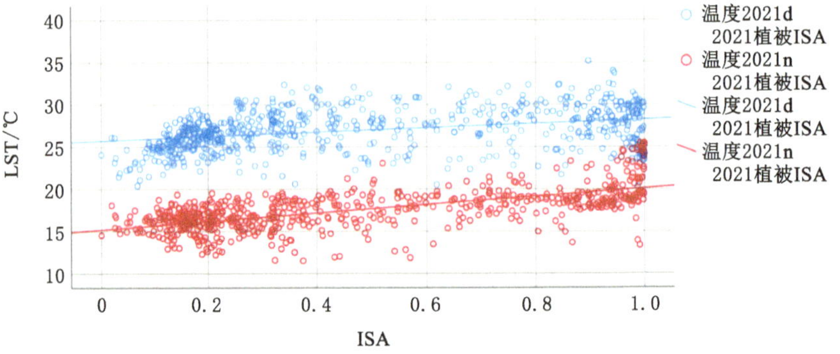

图 5-18　ISA 与 8 月份白天/夜间地表温度关系图

$-6.16x+21.43$，拟合系数为 0.443。结果表明，随着 NDVI 值从 0.1 上升到 0.9，白天和夜间的温度分别下降 3 ℃、5 ℃，考虑到是因为植被的蒸散发作用引起的升降温的不同。NDVI 与地表温度之间存在负相关关系。

ISA 与地表温度的相关性表明，ISA 与地表温度之间存在负相关关系。ISA 与白天 LST 的拟合曲线为 $y=2.6x+25.69$，拟合系数为 0.110；ISA 与夜间 LST 的拟合曲线为 $y=4.98x+15.16$，拟合系数为 0.416。随着 NDVI 值从 0.1 上升到 1.0，白天和夜间的温度分别上升 3 ℃、5 ℃，考虑到是因为城市建设所需的混凝土、沥青等常表现出较高的吸热属性，并于夜晚释放热能。

利用皮尔逊相关性分析（Pearson correlation analysis）研究地表温度与 NDVI 的相关关系。皮尔逊相关性分析结果如表 5-16 所列。

表 5-16 各 NDVI 与 2021 年 8 月白天/夜间地表温度相关系数表

相关性				相关性			
		白天温度	NDVI			夜间温度	NDVI
白天温度	皮尔逊相关性	1	−0.266**	夜间温度	皮尔逊相关性	1	−0.666**
	Sig.(双尾)		0.000		Sig.(双尾)		0.000
	个案数	651	651		个案数	651	651
NDVI	皮尔逊相关性	−0.266**	1	NDVI	皮尔逊相关性	−0.666**	1
	Sig.(双尾)	0.000			Sig.(双尾)	0.000	
	个案数	651	651		个案数	651	651

**:在 0.01 级别(双尾),相关性显著。

无论白天还是夜间,小于 0.01 是非常显著,所以说两个变量的相关是具有显著性的,又因为显著性系数为 0.146,说明呈现很弱的线性相关。

从上述白天、夜间的植被和温度之间的皮尔逊相关性系数表可以得出结论:

(1) 白天:植被覆盖度和温度之间呈现显著的负向相关性($r=-0.266$,$p=0.000$),即温度越低,植被覆盖度越高;

(2) 夜间:植被覆盖度和温度之间呈现显著的负向相关性($r=-0.666$,$p=0.000$),即温度越低,植被覆盖度越高。

相比较而言,白天的相关性系数低于夜间,说明植被和温度之间的相关性夜间要比白天强,即夜间温度的影响要高于白天。

应用皮尔逊相关系数法主要是探究不透水面对不同时段地表温度影响显著程度。皮尔逊相关性分析结果如表 5-17 所列。

表 5-17 各 ISA 与 2021 年 8 月白天/夜间地表温度相关系数表

相关性				相关性			
		白天温度	ISA			夜间温度	ISA
白天温度	皮尔逊相关性	1	0.333**	夜间温度	皮尔逊相关性	1	0.644**
	Sig.(双尾)		0.000		Sig.(双尾)		0.000
	个案数	651	651		个案数	651	651
ISA	皮尔逊相关性	0.333**	1	ISA	皮尔逊相关性	0.644**	1
	Sig.(双尾)	0.000			Sig.(双尾)	0.000	
	个案数	651	651		个案数	651	651

**:在 0.01 级别(双尾),相关性显著。

从上述白天、夜间的不透水面和温度之间的皮尔逊相关性系数表可以得出结论：

(1) 白天：植被覆盖度和温度之间呈现显著的负向相关性（$r=0.333$，$p=0.000$），即温度越低，不透水面指数越低；

(2) 夜间：植被覆盖度和温度之间呈现显著的负向相关性（$r=0.651$，$p=0.000$），即温度越低，不透水面指数越低。

相比较而言，白天的相关性系数低于夜间，说明不透水面和温度之间的相关性夜间要比白天强，即夜间温度的影响要高于白天。

5.3.3 南水北调中线工程温度效应变化强度与植被覆盖度变化关系分析

利用南水北调中线工程温度效应变化强度与植被覆盖度等级转移方向做相关分析，研究温度变化与植被覆盖度变化的关系。

(1) 丰水期白天及夜间的南水北调中线工程温度效应变化强度与植被覆盖度变化的关系分析

分析前文取得的分析结果“不同时期南水北调中线工程温度效应变化强度空间分布”（图 5-9）与“丰水期与枯水期植被覆盖度转移方向分布”（图 5-14），结合“研究区高程分布”（图 2-2）分析二者的相关性，结果如下。

北部山区，地形起伏较为明显，以河道为主要水体，丰水期植被覆盖度变化不明显，河道附近部分植被覆盖度下降，同时附近的植被覆盖度增长明显，尤其以中部的支流增长较为明显。白天的南水北调中线工程温度效应变化强度整体上看受高程的影响较大：在高程为中高的地区更容易出现南水北调中线工程温度效应变化强度为负数；在高程最高的区域更容易出现南水北调中线工程温度效应变化强度为正数。温度效应受地势、河流水面和植被覆盖度变化的复杂影响，因河谷以外的大部分区域植被覆盖度基本不变，故其中受地势及河流水面的影响更为明显。

中部和南部的平原地区，地形起伏不大，丰水期植被覆盖度变化较为明显，同时受人类活动的影响明显，植被覆盖度出现区块性变化。湖泊水面附近植被覆盖度因水面范围的增长而明显减少，同时周边植被出现分布上升的趋势。丹江口水库东南部植被覆盖度减少和增加基本平衡，因人类活动影响高于水体、植被对地表温度的影响，白天南水北调中线工程温度效应变化强度有较明显的上升。丹江口水库东部受人类活动影响，植被覆盖度下降明显，又因为距离丹江口水库较近，受水体扩容的温度调节影响更明显，南水北调中线工程温度效应变化强度最终呈现缓慢上升的趋势。中部平原以南水北调中线工程温度效应变化强度为负值的最明显。中部平原区域以南水北调中线工程温度效应变化强度降低为主,其植被覆盖度增加明显,距离湖泊水面距离较近,人工活动影响较小,同时受植被和水域的调温作用影响。在边缘地区存在植被覆盖度下降的情况,考虑是人类活动所致,其南水北调中线工程温度效应变化强度为负数。平原地区出现的少部分高程较低的山区,更容易出现南水北调中线工程温度效应变化强度为负数。

丰水期夜间北部高海拔地区和中部平原地区的南水北调中线工程温度效应变化强度相较于白天更缓和,同时存在正值和负值。中部和南部平原地区南水北调中线工程温度效应变化整体强度相较于北部地区更高,丹江口水库周边及南部为负值,丹江口水库北部的平原地区为正值。

可见,南水北调中线工程温度效应变化强度与植被覆盖度涉及地形的影响,存在复杂的关系,总体来说南水北调中线工程温度效应变化强度与植被覆盖度和地势相关性明显。

将丰水期白天及夜间的南水北调中线工程温度效应变化强度分别与丰水期植被覆盖度等级转移方向做相关性分析,结果如图 5-19、表 5-18 所示。

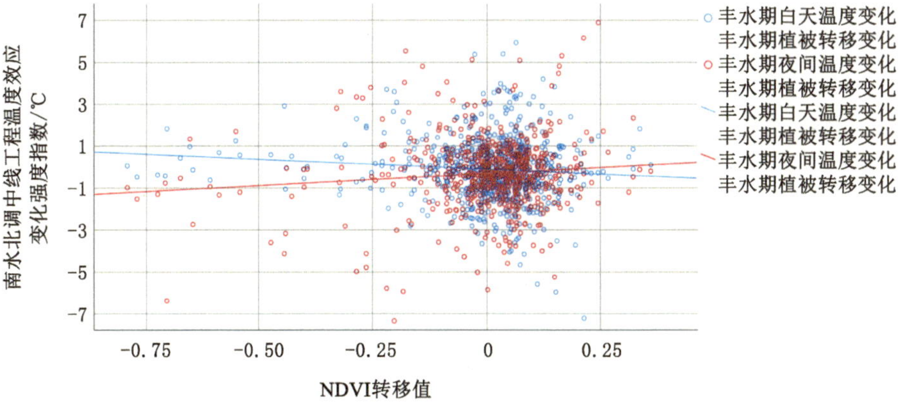

图 5-19　丰水期南水北调中线工程温度效应变化强度与植被覆盖度变化关系

表 5-18　丰水期白天/夜间地表温度与植被覆盖度地表温度相关系数表

相关性				相关性			
		丰水期白天温度变化	丰水期植被转移变化			丰水期夜间温度变化	丰水期植被转移变化
丰水期白天温度变化	皮尔逊相关性	1	−0.088 *	丰水期夜间温度变化	皮尔逊相关性	1	0.100 *
	Sig.(双尾)		0.025		Sig.(双尾)		0.011
	个案数	651	651		个案数	651	651

表 5-18 （续）

相关性				相关性			
		丰水期白天温度变化	丰水期植被转移变化			丰水期夜间温度变化	丰水期植被转移变化
丰水期植被转移变化	皮尔逊相关性	−0.088 *	1	丰水期植被转移变化	皮尔逊相关性	0.100 *	1
	Sig.(双尾)	0.025			Sig.(双尾)	0.011	
	个案数	651	651		个案数	651	651

*：在 0.05 级别(双尾)，相关性显著。

从上述皮尔逊相关性系数表可以得出结论：

① 丰水期白天植被转移变化和温度变化之间呈现负向相关性($r=-0.088, p=0.025$)，即白天丰水期温度变化越大，丰水期植被转移变化越小；

② 丰水期夜间植被转移变化和温度变化之间呈正向相关性($r=0.100, p=0.011$)，即丰水期夜间温度变化越大，丰水期植被转移变化越大。

丰水期植被覆盖度变化程度基本不变的区域占大多数，温度变化分布基本集中于植被变化不明显区域，温度差正负分布基本均衡。丰水期夜间的离散度大于白天。植被减少区域极端值出现的原因主要是由水域面积及城市扩张等引起，产生的温度差相对稳定于±3 ℃。白天温度与植被变化存在更明显的负向反应，植被减少时温度升高更加明显，夜晚温度与植被变化存在更明显的正向反应。相关性显著，但是显著性较低。

丰水期植被覆盖度转移和南水北调中线工程调温效应呈现的中心大多分布于各自变化微弱地区，相关性从变化较明显的少部分点处可以较清楚看到存在的规律。从相关性分析可以证明，丰水期南水北调中线工程调温效应与植被覆盖度转移有一定的关系，且植被转移程度越高，南水北调中线工程调温效应强度越强。白天和夜间相关性绝对值相近、相关性相反，存在相反的调节方向。

可见，南水北调中线工程温度效应变化强度与植被覆盖度关系密切，但水体的调节功能与研究区各点与水体的距离存在密切的关系，植被覆盖度的调节涉及地形的影响，它们存在复杂的关系。总体来说，南水北调中线工程温度效应变化强度与植被覆盖度和地势的相关性明显。

(2) 枯水期白天及夜间的南水北调中线工程温度效应变化强度与植被覆盖度变化的关系分析

分析前文取得的分析结果“不同时期南水北调中线工程温度效应变化强度空间分布”(图 5-9)与“丰水期与枯水期植被覆盖度转移方向分布”(图 5-14)，结合“研究区高程分布”(图 2-2)分析二者的相关性,结果如下。

北部山区,地形起伏较为明显,以河道为主要水体,丰水期植被覆盖度增长明显,河道附近部分区域植被覆盖度下降,同时河道附近植被覆盖度的增长更为明显,植被覆盖度增长范围相较于丰水期更广,高海拔区域植被覆盖度增长基本均衡。白天南水北调中线工程的温度效应变化强度整体上看受高程的影响较大,与丰水期效果类似但影响强度相较于丰水期有所减少:在高程为中高的地区更容易出现南水北调中线工程温度效应变化强度为负数;在高程最高的区域更容易出现南水北调中线工程温度效应变化强度为正数。温度效应受地势、河流水面和植被覆盖度变化的复杂影响,因河谷以外的大部分区域植被覆盖度有较明显的增长,其中受地势的影响减弱,整个北部山区的南水北调中线工程温度效应变化强度较为缓和。

中部和南部的平原地区,地形起伏不大,丰水期植被覆盖度变化较为明显,同时受人类活动的影响明显,植被覆盖度出现区块性变化。湖泊水面附近植被覆盖度因水面范围的增长而明显减少,同时周边植被出现分布上升的趋势。丹江口水库东南部植被覆盖度减少和增加基本平衡,因人类活动高于水体、植被对地表温度的影响,白天南水北调中线工程温度效应变化强度有较明显的上升,上升程度小于丰水期。丹江口水库东部受人类活动影响,植被覆盖度下降明显,又因为距离丹江口水库较近,受水体扩容的温度调节影响更明显,南水北调中线工程温度效应变化强度最终呈现西北部下降与东南部上升的情况。中部平原湖泊水面附近植被覆盖度减少明显且多于丰水期,其周边的植被覆盖度增加明显,湖泊水面附近以正值为主,周边以南水北调中线工程温度效应变化强度为负值为主。南水北调中线工程温度效应变化强度与离湖泊水面的距离有关,同时受植被和高程的调温作用影响,作用过程较为复杂。

枯水期夜间北部山区以南水北调中线工程温度效应变化强度为负值为主,河道附近南水北调中线工程温度效应变化强度为正值,与植被覆盖度和高程的关系不清晰。中部和南部地区,分布与丰水期夜间基本相似,由于丹江口水库东部的植被覆盖度枯水期明显比丰水期正向转移更多,南水北调中线工程温度效应变化强度整体有所上升。

将枯水期白天及夜间的南水北调中线工程温度效应变化强度分别与丰水期植被覆盖度等级转移方向做相关性分析,结果如图 5-20、表 5-19 所示。

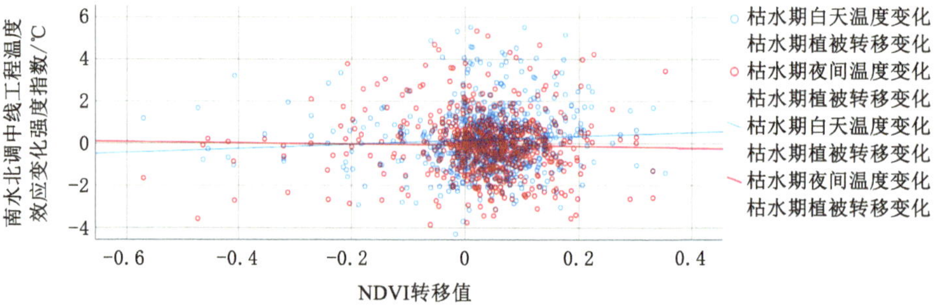

图 5-20　枯水期南水北调中线工程温度效应变化强度与植被覆盖度变化关系

表 5-19　枯水期白天/夜间地表温度与植被覆盖度相关系数表

相关性				相关性			
		枯水期白天温度变化	枯水期植被转移变化			枯水期夜间温度变化	枯水期植被转移变化
枯水期白天温度变化	皮尔逊相关性	1	0.067 *	枯水期夜间温度变化	皮尔逊相关性	1	−0.21 *
	Sig.(双尾)		0.089		Sig.(双尾)		0.6
	个案数	651	651		个案数	651	651
枯水期植被转移变化	皮尔逊相关性	−.067 *	1	枯水期植被转移变化	皮尔逊相关性	−0.21 *	1
	Sig.(双尾)	0.103			Sig.(双尾)	0.231	
	个案数	651	651		个案数	651	651

*：在 0.05 级别(双尾)，相关性显著。

从上述皮尔逊相关性系数表可以得出结论：

① 枯水期白天植被转移变化和温度变化之间呈现显著的负向相关性($r=-0.067$，$p=0.103$)，即白天枯水期温度变化越大，植被转移变化越小；

② 枯水期夜间植被转移变化和温度变化之间呈现显著的正向相关性($r=0.210$，$p=0.231$)，即枯水期夜间温度变化越大，枯水期植被转移变化越大。

枯水期植被覆盖度变化程度基本不变的区域占大多数，温度变化分布基本集中于植被变化不明显区域，且偏向于植被增加区域，温度差正负分布基本均衡。枯水期的离散度大于枯水期。植被减少区域极端值出现的原因主要是水域面积及城市扩张等，产生的温度差相对稳定于+2 ℃。相关性显著，但是显著性较低，且枯水期显著性略低于丰水期。

丰水期植被覆盖度转移和南水北调中线工程调温效应的中心大多分布于各自变化微弱地区，相较于丰水期植被覆盖度更偏向于增长，相关性从变化较明显的少部分点处可以较清楚看到存在的规律。相关性分析可以证明，枯水期南水北调中线工程调温效应与植被覆盖度转移有一定的关系，且植被转移程度越高，南水北调中线工程调温效应强度越强。白天和夜间存在相反的调节方向，白天的相关性绝对值更大，证明南水北调中线工程调温效应与枯水期白天植被覆盖度转移相关性更强。

南水北调中线工程温度效应变化强度与植被覆盖度关系密切，但由于水体的调节功能且与研究区各点与水体的距离存在密切的关系，植被覆盖度的调节涉及地形的影响，它们存在复杂的关系。忽略其他相关要素的考虑，直接讨论南水北调中线工程温度效应变化强度与植被覆盖度的相关性不能得出正确的结论。总体来说，南水北调中线工程温度效应变化强度与植被覆盖度、地势相关性明显，夜间的南水北调中线工程温度效应变化强度与植被覆盖度相关性更强，枯水期夜间的相关性最强，丰水期白天的相关性最弱。丰水期与枯水期植被覆盖度转移和南水北调中线工程调温效应的中心大多分布于各自变化微弱地区，同时枯水期相较于丰水期植被覆盖度更偏向于增长，相关性从变化较明显的少部分点处可以较清楚看到存在的规律。相关性分析可以证明，南水北调中线工程调温效应与植被覆盖度转移有一定的关系，且植被转移程度越高，南水北调中线工程调温效应强度越强。在白天和夜间存在相反的调节方向，枯水期夜间南水北调中线工程调温效应与植被覆盖度转移相关性最强。

可见，南水北调中线工程温度效应变化强度与植被覆盖度关系密切，但由于水体的调节功能与研究区各点与水体的距离存在密切的关系，植被覆盖度的调节涉及地形的影响，它们存在复杂的关系。忽略其他相关要素，直接讨论南水北调中线工程温度效应变化强度与植被覆盖度的相关性不能得出正确的结论。总体来说，南水北调中线工程温度效应变化强度与植被覆盖度、地势相关性明显，夜间的南水北调中线工程温度效应变化强度与植被覆盖度相关性更强，枯水期夜间的相关性最强，丰水期白天的相关性最弱。

5.3.4　地表温度、植被覆盖度和高程的多元线性回归

前文的相关分析表明，高程和植被覆盖度与地表温度数据相关性密切，探究它们之间的关系对研究地表温度变化的驱动原因，探明南水北调中线工程对地表温度和植被覆盖度的实际影响有着重要意义。丹江流域 8 月份植被生长旺盛，是一年内植被覆盖度最高的时期，在此时进行植被覆盖度的影响研究更有利[107]。利用 2020 年 8 月白天/夜间地表温度与植被覆盖度和高程的多元线性回归来探究地表温度、植被覆盖度、高程的相关关系。

(1) 白天地表温度与植被覆盖度、高程的多元线性回归

利用 2020 年 8 月白天地表温度与植被覆盖度、高程的多元线性回归来探究地表温度、植被覆盖度、高程在白天的相关关系。其结果如表 5-20～表 5-24 所列。

表 5-20　2020 年 8 月白天地表温度、植被覆盖度、高程的描述统计表

描述统计			
名称	平均值	标准偏差	个案数
温度2020d	30.514 972 97	3.859 429 671	651
NDVI	0.720 225 039	0.202 806 82	651
DEM	604.11	409.746	651

表 5-21　2020 年 8 月白天地表温度、植被覆盖度、高程的相关性表

相关性				
项目	名称	温度 2020d	NDVI	DEM
皮尔逊相关性	温度 2020d	1	−0.305	−0.856
	植被	−0.305	1	0.454
	DEM	−0.856	0.454	1
显著性（单尾）	温度 2020d	.	0.000	0.000
	NDVI	0.000	.	0.000
	DEM	0.000	0.000	.

表 5-22　2020 年 8 月白天地表温度、植被覆盖度、高程的 ANOVA[a] 表

ANOVA[a]					
名称	平方和	自由度	均方	F	显著性
回归	7183.952	2	3591.976	931.813	0.000b
残差	2497.926	648	3.855		
总计	9681.878	650			

a. 因变量：温度 2020d；b. 预测变量：（常量），DEM，NDVI。

表 5-23　2020 年 8 月白天地表温度、植被覆盖度、高程的模型摘要[b] 表

模型摘要[b]				
R	R^2	调整后 R^2	标准估算的错误	德宾-沃森
0.861a	0.742	0.741	1.963 371	0.992

a. 预测变量：（常量），DEM，NDVI；b. 因变量：温度 2020d。

表 5-24　2020 年 8 月白天地表温度、植被覆盖度、高程的系数表

模型		未标准化系数		标准化系数 Beta	t	相关性			共线性统计	
		B	标准错误			零阶	偏	部分	容差	VIF
1	(常量)	34.224	0.284		120.358					
	NDVI	1.991	0.426	0.105	4.674	−0.305	0.181	0.093	0.794	1.259
	DEM	−0.009	0	−0.904	−40.368	−0.856	−0.846	−0.805	0.794	1.259

系数[a]

a. 因变量:温度 2020d。

表 5-22 可以用来检验模型的统计学意义,由结果可得 $F=931.813$,$P<0.001$,认为回归模型通过了置信水平为 0.05 的 F 检验,拟合的方程具有统计学意义。

从表 5-23 可知,调整后的 R^2 为 0.741,即总体自变量对因变量的解释程度达到 74.1%,这表明植被覆盖度和高程指标能较好地解释地表温度的变化,对地表温度具有较高的影响强度,拟合效果较好,植被覆盖度与高程两项指标能解释地表温度变化的 74.1%(0.741);本研究的德宾-沃森检验值为 0.992,可以认为本研究中的观测值具有一定的相互独立性。

假设回归模型为:

$$\text{LST}=B_0(\text{常量})-B_1\cdot\text{NDVI}-B_2\cdot\text{DEM} \tag{5-8}$$

式中　LST——地表温度,℃;

NDVI——植被覆盖度;

DEM——高程,m。

显著性检验有统计学意义,不存在多重共线性问题。本案例中植被覆盖度和高程的显著性检验结果小于 0.05,因此回归模型成立,其结果如下:

$$\text{LST}=43.224-1.991\cdot\text{NDVI}-0.009\cdot\text{DEM} \tag{5-9}$$

由结果得:本研究纳入的自变量中,DEM 和 NDVI 的 P 值具有统计学意义,即植被覆盖度和高程是影响温度的主要因素。地表温度与高程关系密切,从侧面证明了温度插值考虑 DEM 的重要性。

(2) 夜间地表温度与植被覆盖度和高程的多元线性回归

利用 2020 年 8 月夜间地表温度、植被覆盖度、高程的多元线性回归来探究地表温度、植被覆盖度、高程在夜间的相关关系。其结果如表 5-25～表 5-29 所列。

表 5-25　2020 年 8 月夜间地表温度、植被覆盖度、高程的描述统计表

描述统计			
名称	平均值	标准偏差	个案数
温度 2020n	18.079 024 49	2.592 618 322	651
NDVI	0.720 225 039	0.202 806 82	651
DEM	604.11	409.746	651

表 5-26　2020 年 8 月夜间地表温度、植被覆盖度、高程的相关性表

相关性				
项目	名称	温度 2020n	植被	DEM
皮尔逊相关性	温度 2020n	1	−0.558	−0.773
	NDVI	−0.558	1	0.454
	DEM	−0.773	0.454	1
显著性（单尾）	温度 2020n	.	0.000	0.000
	NDVI	0	.	0.000
	DEM	0	0	.

表 5-27　2020 年 8 月夜间地表温度、植被覆盖度、高程的 ANOVA[a] 表

ANOVA[a]					
名称	平方和	自由度	均方	F	显著性
回归	2 845.329	2	1 422.665	605.009	0.000[b]
残差	1 523.756	648	2.351		
总计	4 369.085	650			

a. 因变量：温度 2020n；b. 预测变量：(常量)，DEM，NDVI

表 5-28　2020 年 8 月夜间地表温度、植被覆盖度、高程的模型摘要[b]表

模型摘要[b]				
R	R^2	调整后 R^2	标准估算的错误	德宾-沃森
0.807[a]	0.651	0.65	1.533452	0.97
预测变量：(常量)，DEM，NDVI				

a. 预测变量；b. 因变量：温度 2020n。

表 5-29　2020 年 8 月夜间地表温度、植被覆盖度、高程的系数表

系数[a]										
名称	未标准化系数		标准化系数 Beta	t	显著性	相关性			共线性统计	
	B	标准错误				零阶	偏	部分	容差	VIF
(常量)	22.983	0.222		103.49	0					
NDVI	−3.337	0.333	−0.261	−10.027	0	−0.558	−0.366	−0.233	0.794	1.259
DEM	−0.004	0	−0.654	−25.139	0	−0.773	−0.703	−0.583	0.794	1.259

a. 因变量:温度 2020n。

表 5-27 可以用来检验模型的统计学意义,由结果可得 $F=22.563$,$P<0.001$,认为回归模型通过了置信水平为 0.05 的 F 检验,认为拟合的方程具有统计学意义。

从表 5-28 可知,调整后的 R^2 为 0.807,即总体自变量对因变量的解释程度达到 80.7%,这表明植被覆盖度和高程指标能较好地解释地表温度的变化,对地表温度具有较高的影响强度,拟合效果较好,植被覆盖度与高程两项指标能解释地表温度变化的 80.7%(0.807);本研究的德宾-沃森检验值为 0.97,可以认为本研究中的观测值具有一定的相互独立性。

通过显著性检验,不存在多重共线性问题。因此回归模型成立,其结果如下:

$$\mathrm{LST}=22.983-3.337\cdot\mathrm{NDVI}-0.004\cdot\mathrm{DEM} \tag{5-10}$$

式中　LST——地表温度,℃;

NDVI——植被覆盖度;

DEM——高程,m。

由结果得:本研究纳入的自变量中,DEM 和 NDVI 的 P 值具有统计学意义,即植被覆盖度和高程是影响温度的主要因素。地表温度与高程密切相关,从侧面证明了温度插值考虑 DEM 的重要性。植被覆盖度在夜间比白天有着更明显的温度调节效应,高程在白天比夜间有着更明显的温度调节效应。植被覆盖度和高程指标能较好地解释地表温度的变化,对地表温度具有较高的影响强度。

5.4　本章小结

本章基于 MODIS 遥感影像(MYD11A2)对丹江流域(河南段)按南水北调中线工程建设前、建设后分别对丰水期、枯水期、白天、夜晚的不同时期分类提取地表温度,在此基础上对不同时期按南水北调中线工程建设前与建设后地表温度的不同变化，进行差值计算得到地表温度差。将得到的地表温度差以不同时期分类，按南水北调中线工程建设前、建设后进行差值运算得到南水北调中线工程温度效应变化强度。最后综合分析地表温度差和水库效应变化强度数据，设定各类情况描述南水北调中线工程对周边下垫面地表温度的影响效果。基于MYD13Q1提取各时期的植被覆盖度数据，建立分级评判标准并以此进行转移对比分析，研究南水北调中线工程建设对丹江流域（河南段）植被覆盖度的影响情况。以南水北调中线工程对地表温度和植被覆盖度变化影响分析的结果为基础，综合纳入土地利用类型和高程的数据结果进行综合性分析，探究土地下垫面、地表温度、植被覆盖度和高程之间的多元线性关系。

第6章　结论与展望

6.1　结论

本研究以南水北调中线工程实施背景下的水源地丹江流域(河南段)为研究区,在GIS、ENVI、Python和IBM SPSS等技术的支持下,以南水北调中线工程建设前、建设后的MODIS产品数据为主要数据源,就南水北调中线工程的建设对研究区地表温度与植被覆盖变化的影响进行分析。在此基础上引入土地下垫面类型和高程的数据结果进行相关性分析,综合探究地表温度变化、植被覆盖度变化、土地下垫面变化、高程变化之间的相关关系。通过研究,探究了南水北调中线工程的建设对丹江流域(河南段)的地表温度与植被覆盖度的影响,以期为丹江流域(河南段)生态环境、区域气候变化、水资源保护与管理提供科学的决策依据。本研究得到结论如下。

(1) 南水北调中线工程对丹江流域(河南段)地表温度影响分析结果

南水北调中线工程的建设使研究区的整体温度在丰水期和枯水期出现不同的变化趋势,枯水期夜间地表温度近16年变化幅度最大,枯水期夜间温度变化最为明显,研究区温度整体呈上升趋势。枯水期温度变化程度高于丰水期的温度变化程度,枯水期夜间地表温度近16年变化幅度最大,丰水期白天、夜间的年增长率分别为0.1 ℃/y、0.05 ℃/y;枯水期白天、夜间的年增长率分别为0.3 ℃/y、0.4 ℃/y。白天8月份的温度升高较为明显为0.18 ℃/y,夜间12月温度升高幅度最大为0.17 ℃/y,白天的地表温度比夜间地表温度高12 ℃左右。丰水期夜间地表温度年变化幅度最小。研究区的温度分布情况具有在一定距离范围内越靠近河流水面地表温度越高且地表温度差越大的特征,且夜间湖泊水面对周边温度的影响程度要大于白天。结果表明,水体对周边温度有着明显的影响。地表温度16年变化幅度随月份、昼夜和汛期有所不同。南水北调中线工程建设对周边环境同时存在升温效应和降温效应。南水北调中线工程建设前后的升温、降温效应变化强度在水库不同的汛期以及昼夜都有着不同的变化。与平原地区不同，增温效应和降温效应同时存在，且两者分布范围不相同。同一时期北部山区与中部和南部平原的调温效应方向相反。例如在白天北部山区增温效应更明显，此时南部平原的降温效应更明显。丰水期或枯水期，在北部山区或中部或南部平原其白天和夜间的调温效应方向相反，例如丰水期白天北部山区增温效应明显，而丰水期夜间北部山区降温效应明显。降温效应在各个时期分布都有一定的规律，降温效应在白天主要集中在河流主干道附近及中南部低海拔平原地区，距离湖泊水面河流主干道 2 km 的范围之内广泛分布降温区，夜间分布较为分散且主要分布于北方高海拔地区；增温效应白天分布较为分散且主要分布于北方高海拔地区，夜间主要集中在河流主干道附近及中南部低海拔平原地区。此外，降温效应白天的效果要高于夜间，白天与夜间丰水期和枯水期的差值分别为 3.6 ℃和 3.1 ℃；增温效应白天的效果要低于夜间，白天与夜间丰水期和枯水期的差值分别为−0.6 ℃和−0.4 ℃。丰水期与枯水期相比，降温效应在白天枯水期更强，降温效应差值为−0.2 ℃的情况下，面积相差为 170.71 km^2，夜间丰水期更强，在降温效应差值为−0.7 ℃的情况下，面积相差更明显为 326.45 km^2；增温效应在白天枯水期更强，增温效应差值为 0.2 ℃，面积相差为 454.14 km^2，夜间丰水期更强，增温效应基本相近，差值为−0.1 ℃，面积相差为 282.02 km^2。南水北调中线工程的建设对缓解气温上升，促进海拔较高山区的植被生长，维持山区的生态环境稳定具有重要的意义。

(2) 南水北调中线工程对丹江流域(河南段)植被覆盖度影响分析结果

高植被覆盖度区域主要分布在海拔较高的山地，低植被覆盖度区域主要分布在海拔较低的河谷。丰水期与枯水期植被覆盖度分别上升了 0.85%和 3.67%。南水北调中线工程的建设与运行促使研究区植被覆盖状况向良性方向发展，植被覆盖度向良性发展的区域占研究区总面积的比例达到了 24.89%，比丰水期多出了 9.62%。丰水期时良性发展的区域较为集中，枯水期强度更高、分布较为分散，且在丰水期向枯水期过渡期间，研究区植被覆盖度的变化幅度有所减缓，南水北调中线工程建设后向恶性发展的比例比南水北调中线工程建设前少了 2.28%，降低了生态风险发生的可能。综合分析得出，随着南水北调中线工程的建设及实施，研究区的植被环境向好发展，生态稳定性有所增加，对原有的气候有一定的改善，对南水北调中线工程水源地环境的可持续发展具有重要意义。

(3) 丹江流域(河南段)地表温度与植被覆盖度的相关性分析结果

由于丹江口库区建设和南水北调中线工程实施的影响，土地利用类型产生较大变化，主要有水域面积增加以及林地、草地和水域之间的相互转换明显。土地下垫面类别对温度升温变化有不同的影响，不透水面指数、归一化指数、地表温度分别有显著的正相关与负相关性，它们夜间的权重系数绝对值都高于白天，其夜间的不透水面与植被指数的权重系数分别为 4.98 和 −6.16。在 2004—2020 年白天平均地表温度高低次序为建设用地、耕地、水域、林地；到了夜间地表温度高低次序为水域、建设用地、耕地、林地。建设用地的扩张可能影响地表温度，建设用地面积扩张了 58.63 km^2，其间年均温度上升大约 0.23 ℃，共增长了 3.6 ℃。枯水期、丰水期南水北调中线工程调温效应与植被覆盖度转移有一定的关系，由于水体的调节功能与研究区各点与水体的距离存在密切的关系，植被覆盖度的调节涉及地形的影响，它们存在复杂的关系，直接讨论南水北调中线工程温度效应变化强度与植被覆盖度的相关性不能得出正确的结论。总体来说，南水北调中线工程温度效应变化强度与植被覆盖度之间存在相关性并与地势和空间位置关系明显。从相关性分析得知，植被转移程度越高，南水北调中线工程调温效应强度越强，在白天和夜间存在相反的调节方向，枯水期夜间的南水北调中线工程调温效应与植被覆盖度转移相关性最强。枯水期白天和夜间的相关性系数分别为 −0.067 和 0.210，枯水期夜间较白天的相关性绝对值更大，证明南水北调中线工程调温效应与枯水期夜间植被覆盖度转移相关性相对更强；枯水期白天和夜间的相关系数分别为 −0.088 和 0.100，丰水期白天和夜间相关性绝对值相近。多元线性分析表明，植被覆盖度和高程指标能较好地解释地表温度的变化，对地表温度具有较高的影响强度。植被覆盖度和高程相比，植被覆盖度在夜间比白天有着更明显的温度调节效应，权重系数分别为 3.337 和 1.991；高程在白天比夜间有着更明显的温度调节效应，权重系数分别为 0.009 和 0.004。通过以上研究，发现增加水域和绿地面积，可以缓解地表温度的增长。因此，丹江流域作为重要的水源区，对资源进行合理地开发和利用，对研究区的可持续发展有重要意义。

6.2　创新点

创新包括以下两个方面：

（1）构建了一种新的基于 DEM-IMA 插值的地表温度重建方法；基于气温垂直衰减与平均异常原理，利用二元薄样板插值对异常值进行插值，更好地保留了区域差异，实现了地表温度云覆盖像元较好地恢复；提供了一种长时序遥感影像插值的新方法，克服了传统气象站插值、普通插值方法精度较低的问题。

（2）丹江流域（河南段）作南水北调中线工程的重要水源地研究区，对南水北调中线工程对丹江流域（河南段）地表温度与植被覆盖度影响的研究仍然较少。探讨南水北调中线工程对周边地表温度与植被覆盖度的影响，其研究结果对丹江流域(河南段)充分评估生态环境与气候变化情况有着重要的科学意义,为生态环境、区域气候变化、水资源保护与管理提供科学的决策依据。

6.3 展望

在研究南水北调中线工程建设对地表温度与植被覆盖度的影响过程中,发现南水北调中线工程的建设对区域生态环境起到了积极的作用。但是,由于受到数据资料和技术条件等多方面因素的限制,本研究还存在不足之处有待完善,以及可以进一步深入研究探讨之处,主要有以下几点:

(1) MODIS 的卫星数据分辨率有限。MODIS 的两颗卫星受制于科学技术等原因,精度与分辨率不太能满足研究对数据的要求,如何利用更高精度数据进行地表温度数据的重建,并在高精度数据的支持下对研究区进行特征分析,获取更精确的南水北调中线工程的影像,有必要在将来进一步探讨。

(2) 针对垂直递减率,综合考虑地形因素对地表温度的影响。本研究使用的 DEM-IMA 算法主要针对地形起伏大、海拔差异明显的区域,而针对特征不同区域,气温垂直递减率会随着坡度坡向等因素产生细微的差别,需要结合地形因子,综合判定气温垂直递减率的具体量值。同时,针对影像缺失类型的不同,对研究区的云范围大小、相邻时期云量规律等因素进行综合判定,建立混合多元模型来提高重建的精度。

(3) 调水工程影响巨大,区域的降水量与植被覆盖度和地表温度也存在相互影响,降雨量大小反过来会影响气温和植被覆盖度,库区地表径流的流量也与此息息相关,特别是针对高程差异较大区域。因此,本研究中的南水北调中线工程效应影响,有必要进一步研究降雨量和各种环境气候因子之间的关系。

参考文献

[1] 李冉,王猛猛,张正加,等.遥感地表温度产品时空融合方法研究综述[J].遥感学报,2022,26(12):2433-2450.

[2] 毛克彪,严毅博,曹萌萌,等.北美洲地表温度数据重建及时空变化分析[J].自然资源遥感,2022,34(4):203-215.

[3] 王丁,刘宁,陈向军,等.推动人与自然和谐共处和可持续发展:人与生物圈计划在中国[J].中国科学院院刊,2021,36(4):448-455.

[4] 赵冰,毛克彪,蔡玉林,等.中国地表温度时空演变规律研究[J].国土资源遥感,2020,32(2):233-240.

[5] 王雨生.基于多源遥感数据的高时空分辨率地表温度产品生成方法研究[D].济南:山东师范大学,2020.

[6] 段四波,茹晨,李召良,等.Landsat 卫星热红外数据地表温度遥感反演研究进展[J].遥感学报,2021,25(8):1591-1617.

[7] 李可相,肖玖军,谢元贵,等.基于 MODIS 数据的云贵高原地表温度时空特征分析[J].贵州科学,2020,38(6):43-48.

[8] 董洁芳,徐栋,张仲伍,等.基于 GWR 模型的渭河流域植被覆盖度时空变化及驱动机理[J].环境科学与技术,2023,46(1):201-210.

[9] 汪欢欢,杨琴,蒲红梅,等.照片样线法大豆植被覆盖度测量精度分析[J].中国农学通报,2022,38(32):111-118.

[10] 罗鸿,杨存建.长江上游近 19 年植被覆盖度动态变化及驱动力分析[J].生态科学,2023,42(1):234-241.

[11] MIURA T, YOSHIOKA H, FUJIWARA K, et al. Inter-comparison of ASTER and MODIS surface reflectance and vegetation index products for synergistic applications to natural resource monitoring[J]. Sensors, 2008, 8(4):2480-2499.

[12] 李明蔚.基于“三生空间”的丹江口库区土地利用功能转变及其生态环境响

应研究[D].武汉:湖北大学,2021.
[13] 戴楠.大型跨区域调水工程对城市水资源的优化配置浅析[J].水电站机电技术,2023,46(3):114-117.
[14] 吴绍洪,赵东升.中国气候变化影响、风险与适应研究新进展[J].中国人口·资源与环境,2020,30(6):1-9.
[15] 田梦琦,周建中,张勇传,等.三峡水库蓄水前后植被覆盖对气候的响应[J].长江科学院院报,2021,38(4):43-49.
[16] 杨锦伟,张艺涵,刘笑笑,等.南水北调中线工程河南段城市生态保护与经济发展的 EKC 检验[J].平顶山学院学报,2022,37(5):100-105.
[17] 赵存厚.南水北调工程概述[J].水利建设与管理,2021,41(6):5-9.
[18] 樊建,俞艳,甘宇航,等.南水北调中线工程沿线区域生态环境变化研究[J].测绘与空间地理信息,2022,45(11):42-45.
[19] 李鹏傲,姜永涛,戚鹏程,等.南水北调中线工程水源区植被时空演化特征[J].长江科学院院报,2022,39(9):49-55.
[20] 张中旺.南水北调中线工程对环境影响的评价[J].华中师范大学学报(自然科学版),2002,36(3):381-384.
[21] 李强.水库水利工程地质灾害防治技术及措施[J].农业灾害研究,2022,12(11):129-131.
[22] 曾凌,陈金凤,刘秀林.南水北调中线工程运行以来汉江中下游水文情势演变分析[J].水文,2022,42(6):13-18.
[23] 贺玉晓,买思婕,任玉芬,等.丹江口水库真核浮游植物群落分布特征及其与环境因子的关系[J].环境科学,2022,43(11):5096-5105.
[24] 张清淼,郭晓明,金超,等.丹江口水库淅川库区大气降水中无机离子特征及来源解析[J].环境科学研究,2022,35(12):2677-2684.
[25] 庞发虎,杜瑞卿,孙若雅,等.丹江口水库水质空间异质性多指标监测综合分析技术及效果[J].环境工程学报,2022,16(8):2783-2795.
[26] 史志方,熊广成,尹利娜,等.丹江口水库扩张对淅川县"三生空间"的影响研究[J].遥感技术与应用,2022,37(6):1525-1536.
[27] 陈英英,王明,蔡淼,等.近 21 年丹江口流域空中云水量特征及与面雨量的关系[J].长江流域资源与环境,2022,31(12):2672-2681.
[28] 杨智皓.丹江口水库淅川县段水资源保护现状对策研究[D].武汉:武汉轻工大学,2021.
[29] 谢宜静.淅川县水资源可持续利用分析及调控措施[J].河南水利与南水北调,2022,51(8):31-32.

[30] 张春霞，贺玉晓，郭晓明，等.丹江口水库夏冬季真核浮游植物群落结构变化及其驱动因素[J].河南理工大学学报（自然科学版），2022，41(6)：110-122.

[31] 曹玉升，畅建霞，黄强，等.南水北调中线输水调度实时控制策略[J].水科学进展，2017，28(1)：133-139.

[32] KUO Y M，LIU W W，ZHAO E M，et al.Water quality variability in the middle and down streams of Han River under the influence of the Middle Route of South-North Water diversion project，China[J].Journal of hydrology，2019，569：218-229.

[33] 王新才，吴敏.关于加强南水北调中线水源地保护和管理的思考[J].长江科学院院报，2019，36(9)：1-5.

[34] 陈浩，靖争，倪智伟，等.基于主成分-聚类分析的南水北调中线干渠水质时空分异规律[J].长江科学院院报，2022，39(7)：36-44.

[35] 白景锋，柳海洋，李欢，等.南水北调中线工程水源地降水变化分析[J].黄河水利职业技术学院学报，2019，31(1)：1-4.

[36] 杨倩.汉江上游径流演变规律和实际蒸散发变化分析[D].西安：西安理工大学，2020.

[37] 赵晶，毕彦杰，韩宇平，等.南水北调中线工程河南段社会经济效益研究[J].西北大学学报（自然科学版），2019，49(6)：855-866.

[38] 刘建周，刘锦宇，张党立.水库对周边环境的影响分析[J].资源环境与工程，2018，32(3)：408-410.

[39] 吴素芬.水利工程对农村生态环境的影响与发展建议[J].农业工程技术，2020，40(8)：31-32.

[40] 陆海明，邹鹰，丰华丽.国内外典型引调水工程生态环境影响分析及启示[J].水利规划与设计，2018(12)：88-92.

[41] YANG Y Q，ZHANG J Y，YAN W M，et al.Impact assessment of water diversion project on urban aquatic ecological environment[J].Ecological indicators，2021，125：107496.

[42] 梁书民，Richard Greene，朱立志，等.全球大型跨流域调水工程及水资源农业开发潜力[J].水资源与水工程学报，2019，30(5)：236-246.

[43] 谷丽雅，侯小虎，张林若.浅谈国外跨流域调水工程现状、机遇和挑战[J].中国水利，2021(11)：61-62.

[44] 刘海，黄跃飞，郑粮.气候与人类活动对丹江口水源区植被覆盖变化的影响[J].农业工程学报，2020，36(6)：97-105.

[45] 刘洋.南水北调中线工程水源地径流对气候变化和土地利用变化的响应[D].武汉:中国科学院大学(中国科学院武汉植物园),2021.

[46] 谭力.南水北调中线核心水源区土地利用转型及其生态环境效应研究[D].武汉:中国地质大学,2021.

[47] 毋兆鹏,张金燕,王娟娟,等.精河流域绿洲土地利用及生态系统服务价值时空变化研究[J].生态与农村环境学报,2021,37(9):1168-1175.

[48] 刘建萍.剖析水利工程的生态环境影响及保护措施[J].居舍,2020(10):34.

[49] 朱晓声,郭小娟,王耀耀,等.梯级水库建设对怒江与澜沧江沉积物氮形态分布的影响[J].中国环境科学,2019,39(7):2990-2998.

[50] 权文婷,张树誉,刘艳,等.基于遥感生态指数的陕西省东庄水库流域生态环境变化监测与评价[J].水土保持通报,2022,42(5):96-104.

[51] 廖晋一,苏涛.基于生态环境状况指数的合肥市生态环境质量评价[J].河南科技,2021,40(21):102-105.

[52] 孙彩霞,杨帆,胡晋.基于遥感数据的新生态环境指数评价[J].测绘通报,2021(11):12-15.

[53] 缪鑫辉,梁勤欧.基于遥感生态指数的甬江流域生态环境变化分析[J].长江流域资源与环境,2021,30(2):427-438.

[54]WANG M, LIU P-X, QIAO X-M, et al. Analysis of the spatiotemporal evolution of ecological environmental quality in Ningxia and its driving force contribution based on RSEDI [J]. Chinese journal of ecology, 2021, 40(10): 3278.

[55] 王勇,王世东.基于 RSEI 的生态质量动态变化分析:以丹江流域(河南段)为例[J].中国水土保持科学,2019,17(3):57-65.

[56] 段小芳.南水北调中线工程核心水源区土地利用/覆被变化时空特征及其驱动力分析[D].郑州:华北水利水电大学,2023.

[57] 刘克,甘宇航,张涛,等.南水北调中线工程核心水源区土地利用空间格局动态变化研究[J].测绘与空间地理信息,2019,42(4):4-8.

[58] 刘海,武靖,陈晓玲.丹江口水源区生态系统服务时空变化及权衡协同关系[J].生态学报,2018,38(13):4609-4624.

[59] ZHAO J Y,LI H,CAI X B,et al.Long-term (2002-2017) impacts of Danjiangkou dam on thermal regimes of downstream Han River (China) using Landsat thermal infrared imagery[J].Journal of hydrology,2020,589:125135.

[60] NIU P T,ZHANG E C,FENG Y,et al.Spatial-temporal pattern analysis

of land use and water yield in water source region of middle route of south-to-north water transfer project based on google earth engine[J]. Water,2022,14(16):2535.

[61] SUN K,HUA Y F,HE W B,et al.Impact assessment on the economy,society, resource, and environment in the water-receiving cities of the Middle Route Project of South-to-North Water Diversion[J].Environmental science and pollution research,2022,29(60):90378-90390.

[62]LI P-A, JIANG Y-T, QI P-C, et al. Spatio-temporal evolution characteristics of vegetation in water source area of the middle route project of South-to-North Water Diversion [J]. Journal of yangtze river scientific research institute, 2022, 39(9): 49.

[63] SUN K,HE W B,SHEN Y F,et al.Ecological security evaluation and early warning in the water source area of the Middle Route of South-to-North Water Diversion Project[J].Science of the total environment,2023,868:161561.

[64] WANG S D,BAI Z L,SI J J,et al.Evaluation of ecological vulnerability and analysis of its spatiotemporal evolution based on the fuzzy comprehensive evaluation/catastrophe progression method:a case study of the Danjiang River Basin (Henan section)[J].Sustainability,2022,14(21):14262.

[65] 梅嘉洺,唐亚男,李仪,等.基于 SWAT 模型的旬河流域气候变化水文响应研究[J].水生态学杂志,2021,42(3):7-13.

[66] CAVENDER-BARES J,SCHNEIDER F D,SANTOS M J,et al.Integrating remote sensing with ecology and evolution to advance biodiversity conservation [J].Nature ecology & evolution,2022,6(5):506-519.

[67] 陈玉红.考虑 SCSG 影响的 MODIS LST 产品缺值像元的地表温度估算[D].南京:南京师范大学,2020.

[68] 赵冰.基于 MODIS 的地表温度时间序列重建及驱动因素分析[D].青岛:山东科技大学,2020.

[69] 甄英,季薇,李传辉,等.四川省地表温度变化特征及气象因素影响分析[J].内江师范学院学报,2021,36(6):44-49.

[70] DUAN S B,LI Z L,LENG P.A framework for the retrieval of all-weather land surface temperature at a high spatial resolution from polar-orbiting thermal infrared and passive microwave data[J].Remote sensing of environment,2017,195:107-117.

[71] ZHANG H M.Estimation of daily average near-surface air temperature using MODIS and AIRS data[C]//2017 2nd International Conference on Frontiers of Sensors Technologies (ICFST).April 14-16,2017,Shenzhen,China.IEEE,2017:377-381.
[72] ZHU W B,AIFENG L,JIA S F,et al.Retrievals of all-weather daytime air temperature from MODIS products[J].Remote sensing of environment,2017,189:152-163.
[73] 师春香,潘旸,谷军霞,等.多源气象数据融合格点实况产品研制进展[J].气象学报,2019,77(4):774-783.
[74] ZHOU J,JIA L,MENENTI M,et al.Optimal estimate of global biome: specific parameter settings to reconstruct NDVI time series with the harmonic ANalysis of time series (HANTS) method[J].Remote sensing,2021,13(21):4251.
[75] YANG H,CHENG Y X,LI G H.A denoising method for ship radiated noise based on Spearman variational mode decomposition,spatial-dependence recurrence sample entropy,improved wavelet threshold denoising,and Savitzky-Golay filter[J].Alexandria engineering journal,2021,60(3):3379-3400.
[76] 张敬礼.舰船辐射噪声声阵处理技术研究[D].北京:中国舰船研究院,2015.
[77] 魏晓帅,高永龙,范雅倩,等.北京植被净初级生产力对物候变化的响应[J].农业工程学报,2022,38(18):167-175.
[78] 李天祺,朱秀芳,潘耀忠,等.MODIS 陆地表面温度数据重构方法研究[J].北京师范大学学报(自然科学版),2015,51(S1):70-76.
[79] 冯锐,纪瑞鹏,武晋雯,等.基于 FY3/MERSI 数据的辽宁省植被指数重建及时空变化分析[J].气象与环境学报,2022,38(1):65-73.
[80] 齐会娟.陆表温度的重建及其在气温空间模拟中的应用研究:以重庆为例[D].重庆:重庆师范大学,2017.
[81] PHAN T N,KAPPAS M.Application of MODIS land surface temperature data:a systematic literature review and analysis[J].Journal of applied remote sensing,2018,12(4):1.
[82] 陆宝丽.淮河流域地表温度数据重建及时空变化分析[D].南京:南京师范大学,2021.
[83] PEDE T,MOUNTRAKIS G.An empirical comparison of interpolation methods for MODIS 8-day land surface temperature composites across

the conterminous Unites States[J].ISPRS journal of photogrammetry and remote sensing,2018,142:137-150.

[84] GERBER F,DE JONG R,SCHAEPMAN M E,et al.Predicting missing values in spatio-temporal remote sensing data[J].IEEE transactions on geoscience and remote sensing,2018,56(5):2841-2853.

[85] MILITINO A F,UGARTE M D,PÉREZ-GOYA U,et al.Interpolation of the mean anomalies for cloud filling in land surface temperature and normalized difference vegetation index[J].IEEE transactions on geoscience and remote sensing,2019,57(8):6068-6078.

[86] YANG G,SUN W W,SHEN H F,et al.An integrated method for reconstructing daily MODIS land surface temperature data[J].IEEE journal of selected topics in applied earth observations and remote sensing,2019,12(3):1026-1040.

[87] CHEN Y,CAO R Y,CHEN J,et al.A practical approach to reconstruct high-quality Landsat NDVI time-series data by gap filling and the Savitzky-Golay filter[J].ISPRS journal of photogrammetry and remote sensing,2021,180:174-190.

[88] 周芳成,唐世浩,韩秀珍,等.云下遥感地表温度重构方法研究[J].国土资源遥感,2021,33(1):78-85.

[89] 徐金鑫,丁文峰,林庆明.丹江流域水沙变化特征分析[J].长江流域资源与环境,2019,28(8):1956-1964.

[90] 张爱静,姚文锋,吴智健.丹江口水库入库径流变化特征分析[J].人民长江,2020,51(3):81-86.

[91] 游婷.夏季中国不同类型云分布特征及其对近地表气温的影响研究[D].北京:中国气象科学研究院,2020.

[92] WU P H,YIN Z X,ZENG C,et al.Spatially continuous and high-resolution land surface temperature product generation:a review of reconstruction and spatiotemporal fusion techniques[J].IEEE Geoscience and Remote Sensing Magazine,2021,9(3):112-137.

[93] 王斐,覃志豪,樊伟,等.云下地表温度与辐射变化关系的定量分析[J].遥感学报,2019,23(6):1113-1122.

[94] 任国玉，姜彤，李维京，等. 气候变化对中国水资源情势影响综合分析[J].水科学进展 . 2008 ,19 (6):772-779 .

[95] 李苗苗.植被覆盖度的遥感估算方法研究[D].北京:中国科学院研究生院

（遥感应用研究所），2003.
[96] 殷娜.基于 Landsat 和 MODIS 时序数据的植被年内最大覆盖度提取方法研究[D].北京：中国地质大学（北京），2021.
[97] 刘纪远，邓祥征.LUCC 时空过程研究的方法进展[J].科学通报，2009，54(21)：3251-3258.
[98] MCHUGH M L.Interrater reliability：the kappa statistic[J].Biochemia medica，2012，22(3)：276-282.
[99] 马玥，姜琦刚，孟治国，等.基于随机森林算法的农耕区土地利用分类研究[J].农业机械学报，2016，47(1)：297-303.
[100] 梁洪武，阿里木江·卡斯木，赵禾苗，等.天山北坡城市群地表温度时空差异及贡献度分析[J].干旱区研究，2022，39(2)：388-399.
[101] 李雅培.气候变化背景下疏勒河流域出山径流模拟与预测研究[D].兰州：兰州交通大学，2021.
[102] 裔传祥，盛也，周宏伟，等.基于 MODIS 数据的盐城市热岛效应特征分析[J].沙漠与绿洲气象，2022，16(1)：104-109.
[103] 阮惠华，许剑辉，张菲菲.2001—2020 年粤港澳大湾区植被和地表温度时空变化研究[J].生态环境学报，2022，31(8)：1510-1520.
[104] 王燕强，杜婷婷，叶希琛，等.基于地表温度和植被指数的郑州市热岛效应分析[J].河南科技学院学报（自然科学版），2020，48(4)：56-61.
[105] HASNAHENA，SARKER S C，ISLAM M S，et al.Modeling on microclimatic variation of land surface temperature and vegetation cover at Rangpur City in Bangladesh[J].Modeling earth systems and environment，2023，9(1)：1009-1028.
[106] HUA L Z，ZHANG X X，NIE Q，et al.The impacts of the expansion of urban impervious surfaces on urban heat islands in a coastal city in China[J].Sustainability，2020，12(2)：475.
[107] 张军.丹江流域植被格局演变及其与水质响应关系研究[D].西安：西安理工大学，2017.